THÉORIE
du
MONDE
et
DES ÊTRES ORGANISÉS
Suivant les Principes

De M. . .

Gravée par D'A:–Ol:

A PARIS

1784

Dieu
la matière
le mouvement
impénétrabilité
repos
solidité
solide
fluidité
fluide
atome
combinaison
homogène
hétérogène
corps
corps inorganique
corps organique
monde
lieu
espace
contigu
contiguïté
plein
cohésion
dissolution
ton
courant
sphère
masse
interstices
attraction
impulsion
répulsion
entraînement
elliptique
rotation
impénétrable
système
compactibilité

divergent
convergent
molécule
centre
central
tourbillon
excentrique
tendance
flux et reflux
influence
magnétisme
particule
effort
contact
résistance
élasticité
élastique
dur
mol
gravité
combiné
pesanteur
calcination
vitrification
feu
oscillatoire
flamme
lueur
lumière
chaleur
électricité
terre
aimant
pôles
nord
sud
soleil
planette
gravitation

conjonction
opposition
quadrature
étoiles
air
eau
lune
flux
reflux
quartier
équinoxe
solstice
intention
rémission
homme
impression
vie
mort
santé
maladie
sensation
idée
instinct
éducation
organe
tonique
viscère
organisation
obstruction
fièvre
symptôme
symptomatique
critique
organisé
réflexion
sens
végétation
magnétisme animal

PREMIERE PARTIE

SOMMAIRE

Dans cette Premiere Partie on donnera une Idée Générale de la ∞ et du ⊗, on déterminera les Loix du ⊗, on appliquera le ⊗ d'apres les Loix qu'on aura determinées à la ∞, de cette application on fera resulter le développement des formes ou la Génération des ⌸, sur tout des ⌸ Celestes; et ce développement ou cette Génération expliquée, on parlera de l'action que les ⌸ Celestes exer=:cent les uns sur les autres, ce qui constitue leur °• reciproque ou le ✱ universel de la Nature.

1.° Il existe un principe incréé.

△

Il existe dans la Nature deux principes créés

La ∞

Le ⊗ (Figure 1.)

2. La ∞ considérée abstractivement et avant la premiere existence des formes s'appelle ∞ élémentaire.

On ne peut se former une idée positive de la ∞ élémentaire; elle est placée entre l'être simple et le commencement de l'être composé (A)

3 L'〰 Constitue l'Essence de la ∞, c'est elle qui fait qu'une de ses parties n'est pas l'autre.

4. La ∞ est indifferente au — et au ⊗, le — de la ∞ constitue la ·|· ainsi une ○— de ∞ est ·|· quand toutes ses parties sont en — entre elles

Le ⊗ de la ∞ constitue la ⩧ ainsi une ○— de ∞ est ⩧ quand toutes ses parties se meuvent entre elles.

5. Dans la ∞ en ⊗ ou en ⩧ si deux ou plusieurs parties de ∞ ou ∴ se mettent en — il resulte de ce — un etat de choses qu'on appelle CƆ

Dans toute CƆ on conçoit un raport parti=:culier qui n'existoit pas auparavant, d'abord entre les ∴ qui se mettent en —, en suite entre les ∴ qui se mettent en — et les ∴ qui con=:tinuent à se mouvoir (B)

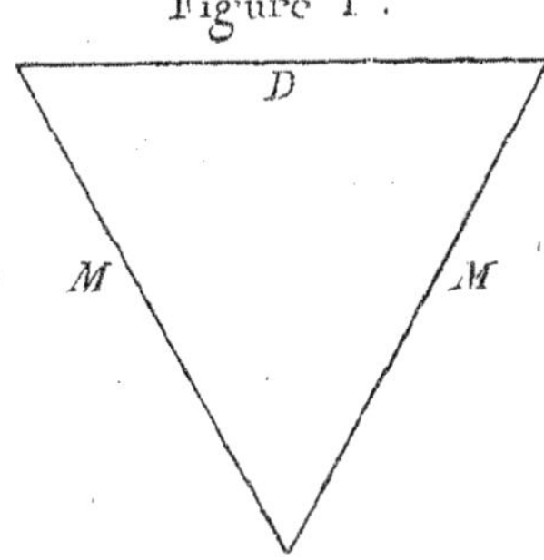

Figure I.

(A) La ∞ Elementaire n'est pas l'Etre simple puisque l'Etre simple est un Etre que l'on conçoit sans étendüe, et qu'avec un Etre sans étendüe on ne fait pas un Etre qui à de l'étendue comme l'Etre composé; ce n'est pas non plus l'Etre composé puis que c'est avec la ∞ élémentaire que se fait l'être composé. La ∞ élémentaire est un assembla=:ge d'∴ qu'il faut considerer comme indivisibles, qui par ce qu'ils sont indivisibles ne peuvent être decomposés, et qui par ce qu'ils ne peuvent être décomposés servent à la com=:position de tous les ⌸

(B) Si une ○— de ∞ est absolument ·|· ou absolument — tous les ∴ qui la composent existent de la meme mani=:ere ou dans le meme rapport entreux et l'on n'a l'idée d'aucune CƆ les CƆ ne commencent que lors que des ∴ se meuvent parmi des ∴ qui sont en — ou lors que des ∴ sont en — parmi des ∴ qui se meuvent.

L'Etat de C) peut donc être défini un etat de relation de la ∞ nue à la ∞ en —, ou de la ∞ en — à la ∞ nue ou plus simplement, un etat de relation du ⊗ nu — et du — nu ⊗ dans la ∞

6. C'est dans les diverses C) de la ∞ que se trouve la Cause et la Raison de tout ce qui est possible dans la Nature, de toutes les Variétés dans les formes et les propriétés.

7. Les idées que nous avons des diverses C) des nombres ou des quantités arithmetiques peuvent servir a nous faire connoitre l'immensité des C) de la ∞ ou de l'innumérabilité du devoloppement de ses formes.

Un nombre ou une quantité arithmetique est composé d'unités; on peut donc aussi considérer la ∞ comme composée d'unités.

Un nombre est composé ou d'unités assemblées une à une tels sont les nombres — 2.3.4. qu'on peut considérer comme se resolvant en deux, en trois, en quatre unités (Fig: 2) Ou de sommes egales d'unités, tel est le nombre Neuf qu'on peut considérer comme se resolvant en trois ternes, ou en trois sommes egales d'unités (Fig: 3.)

Ou de sommes inégales d'unités tel est le nombre Sept qu'on peut considerer comme se resolvant en un quaterne et un Terne ou en deux sommes inégales d'unités (Fig: 4)

De la resulte trois Espèces de C) de quantités arithmétiques qui toutes peuvent aller à l'infini.

Il y a donc aussi dans la ∞ trois especes de C) d'unités ou d'∴ élémentaires qui toutes peuvent aller à l'infini.

8. Comme dans les Nombres une unité ne differe pas d'une autre unité, dans la ∞ un ∴ ne differe pas d'un autre ∴

On appelle ∩ un tout composé de parties qui ne different pas entr-elles ou qui se ressemblent

On appelle ∪ un tout composé de parties qui different entr-elles ou qui ne se ressemblent pas.

Un tout composé d'∴ Élémentaires est donc ∩, car les ∴ se ressemblent.

Un tout composé de sommes egales d'∴ élémentaires assemblés de la meme maniere est donc ∩ car des sommes égales d'∴ assemblés de la meme maniere se ressemblent (Fig: 5.)

Un Tout composé de sommes egales d'∴ assemblés de diverses manieres est donc ∪ car des sommes égales d'∴ assemblés de diverses manieres ne se ressemblent pas (Fig: 6)

Fig: 2.

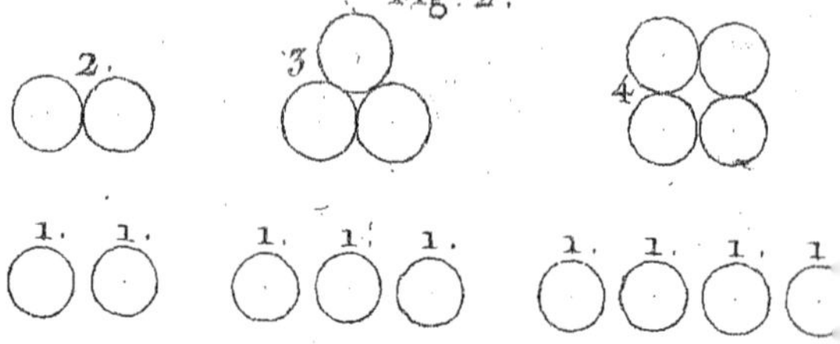

2. 3 4

1. 1. 1. 1. 1. 1. 1. 1. 1

Fig: 3

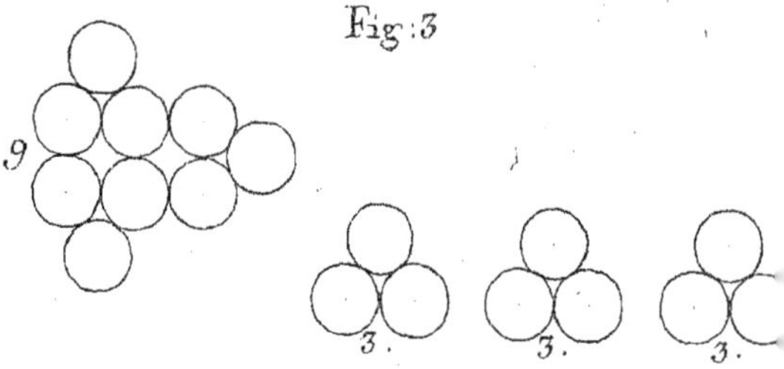

9

3. 3. 3.

Fig: 4.

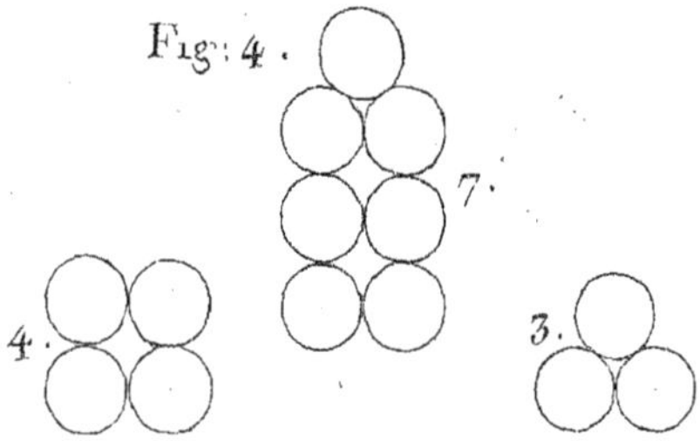

7.

4. 3.

Fig: 5.

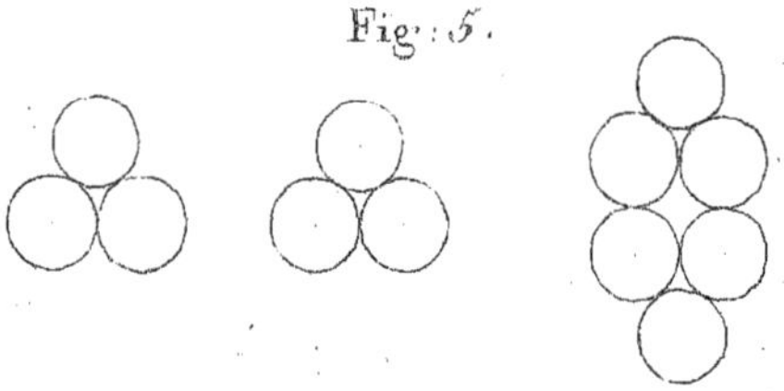

Fig: 6.

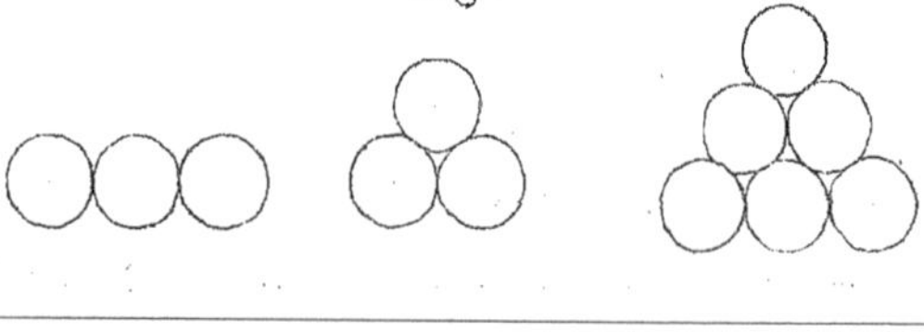

Un tout composé de sommes inégales d'∴ est donc ∩ car des sommes inégales d'∴ ne se ressemblent pas

9. Si la combinaison des parties de la ∞ est telle qu'il n'en resulte qu'un aggrégat d'∴, on appelle cet aggrégat H, ou simplement ⊟

Si la () des parties de la ∞ est telle qu'il en puisse resulter des effets dont la cause soit dans la Nature de cette (), on appelle le tout qu'elles forment H.

Si la () des parties de la ∞ est telle que cette () puisse en produire d'autres qui lui soient essentiellement semblables, le H prend la denomination de ℂ

10. Les Parties de la ∞ considerées comme existantes l'une hors de l'autre donnent l'idée du ⊙.

Les ⊙ sont des points imaginaires dans lesquels se trouve ou peut se trouver de la ∞

La Quantité de ces points imaginaires determine l'Idée de l'≋

Si la ∞ change de lieu et occupe successivement differens points, ce changement ou cet acte de la ∞ est ce qu'on appelle ⊗

11. Le premier ⊗ est un effet immediat de l'action de △ sur la ∞. Le premier ⊗ donné à la ∞ est la seule cause de toutes ses ()

Il n'y à pas de raison prise dans la Nature des choses, c'est à dire prise dans la Nature de la ∞ pour que ce ⊗ cesse ou diminüe.

Il existe dans l'Univers une somme determinée, uniforme et constante de ⊗.

Pour que le developpement de toutes les () ou de toutes les formes se conçoive, il faut que le ⊗ puisse se distribuer dans toutes les parties de la ∞

Toutes les parties de la ∞ sont donc √ entre elles, car on ne conçoit pas comment le ⊗ peut se continuer d'un point vers un autre dans la ∞ si la =√= de ses parties est interrompue.

Il n'y a donc pas d'≋ absolument vuide dans l'Univers, ou ce qui est la même chose sans disputer sur le vuide ou le ● absolu, tout est donc ● d'un ● de =√= dans l'Univers.

12. Le ⊗ dans l'Univers est generalement et constamment entretenu par les parties de la ∞ les plus deliées.

Ces parties de la ∞ les plus deliées perpetuellement mues entre elles sont éminemment =

On les appellera tout simplement icy le =

13. Il n'y à Essentiellement dans la ∞ que deux sortes de directions de ⊗; par l'une,

les parties de la ∞ s'approchent, par l'autre elles s'éloignent .

Toutes les autres directions de ⊗ dans la ∞ se composent de ces deux premieres.

14 Si par l'effet des directions du ⊗, deux ∴ qui s'approchent se mettent en — l'un à l'egard de l'autre, il y a ✕ entre eux .

Si par l'effet des directions du ⊗ deux ∴ qui se touchent, s'eloignent l'un de l'au=tre, il y a ✕ entre deux ,

Si par l'effet des directions du mouvem.t deux ∴ en se mouvant obeissent a une telle action qu'a mesure que le premier presse le second, le second fuye le pre=mier il y a ≡ entre eux .

Il y a ≡ parfaite si le second fuit le premier avec autant de ⊗ ou de force qu'il en est pressé ,

Il y a ≡ imparfaite, si le second fuit le premier avec une moins grande quan=titée de ⊗ ou de force qu'il en est pressé .

Quand la ≡ diminue la ꟾꟾ commence car on a dit qu'une ○— de ∞ est ꟾ lorque toutes ses parties sont en repos entre elles or la ≡ ne diminue dans un ⊟ ≡ que par ce qu'il y a une inegale distribution de ⊗ entre les ∴ qui le composent et que ne s'eloignant plus dans la meme raison , qu'ils s'approchent ils tendent a se mettre en — entre eux .

Quand la ≡ cesse, il y a ꟾꟾ car la ≡ ne cesse dans un ⊟ ≡ que lors que les ∴ qui le composent ne se mouvant plus les uns à l'egard des autres ils se met=tent en — entre eux .

tout ⊟ ≡ dont les parties commencent à etre en — entre elles, devient donc ꟾ

tout ⊟ ꟾ dont les parties commencent à se mouvoir entre elles de maniere que l'une fuye à mesure que l'autre l'appro=che devient donc ≡

15 La ∞ avant la premiere impression du ⊗, etoit un ꟾ parfait, car ses parties etoient dans un — absolu les unes à l'egard des autres.

La ∞ à l'instant de la premiere impression du ⊗ est devenue un ≡ parfait, car chacune de ses parties etant indifferente au ⊗ et au — toutes ont dû obeir au ⊗ de la meme ma=niere et l'une à fui comme l'autre s'est aprochée

16 Dans tout ⊗ de la ∞ ≡ il faut considé=rer trois choses, la direction la célérite, et le ♀

On appelle ♀ le Genre ou le mode de ⊗ determiné qu'ont les parties de la ∞ ≡ entre elles .

L'Air qui passe par un tuyau d'orgue,
ar le ⊟ d'une flute, l'eau qui passe par les
bres d'une plante pour la nourir~ acquie=
ent dans toutes ses circonstances un mode ou
n ⚲ de ⊗ qu'ils n'avoient pas, c'est à dire,
ue les parties qui constituent l'Air et l'Eau
meuvent autrement qu'elles ne se mou=
voient auparavant, en raison des ⊟ ou
es milieux qui les modifient.

On a dit que la ∞ est susceptible de
oute espece de CϽ

Les parties constitutives de la ∞ =— peu=
vent donc être combinées de toutes les ma=
nieres possibles et recevoir tout les genres
u tout les ⚲ de ⊗ possibles entre elles.

Si une quantité de =— se meut dans la
neme direction, on l'appelle ⋙→ si une
ortion de =— se met en ⊗ en forme de
igne on l'appelle ⊂—

Lorsque l'∞ élémentaire devenue =— ac=
uiert comme on le verra dans peu, par
l'effet des diverses directions du ⊗ quelque
⚔ il resulte de la maniere dont ses parties
ont combinées des ⊂— ou des quantités de
∞ en —. Entre ces ⊂— il y à des intervalles
ui restent perméables à la ∞ =— on appel=
lera ces intervalles ★

La Celerité d'un ⋙→ augmente en rai=
son de l'etroitesse des ★

La force d'un ⋙→ est en raison com=
posée de la celerité et de la direction des
⊂— dont il est formé c'est à dire que plus
ntre les ⊂— qui le forment il y en à qui
ont dans la meme direction et plus le
⋙→ a de force

Tout ⊟ plongé dans un =— obeit au ⊗
de ce =—

Si un ⊟ se trouve dans un ⋙→ il est
donc entrainé dans la direction de ce ⋙→

Si un ⊟ se trouve dans un =— obeissant
plusieurs directions confuses il obeit donc
un ⊗ troublé et confus.

Soit (Fig:7) les deux Tours A.B. le Bateau
C. et le ⋙→ D.

Si le Bateau C. se meut vers la Tour B. si
l'on n'apperçoit pas le ⋙→ D. qui l'entrai=
ne et si l'on ne voit que la Tour B. vers la=
quelle le Bateau C se meut, on dira que B. at=
tire C et l'on appellera ce Phenomeme ★★

Si le Batteau C. s'éloigne de la Tour A: et si
on n'apperçoit pas le ⋙→ D. qui l'entraine, on
dira que C. est poussé ou repoussé par A: et
l'on appellera ce Phenomeme — — ou ⊣ ⊢

Fig: 7.

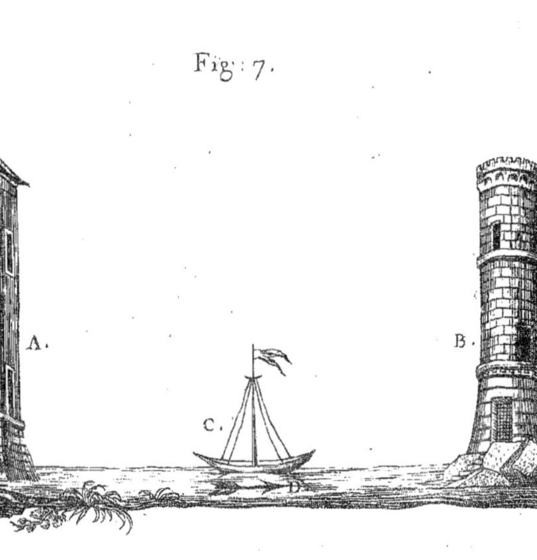

Si l'on apperçoit le ⇶→ D. qui entraine C. de A. vers B. on dira que C. est entrainé de A. vers B. par le ⇶→ D. et l'on appellera ce Phenomene ⊖⊖.

Tout se fait par ⊖⊖ dans la Nature les ✶✶ ou les — — et —||— qu'on y remarque ne sont qu'apparentes.

La cause de l'✶✶ apparente, où de l'— — et de la — — est dans les ⇶→ rentrants et sortants du ═ universel.

Il ne peut exister un ⇶→ rentrant sans un ⇶→ sortant car tout est • dans l'Univers.

20. Ce n'est pas sur toute la ○— de la ∞ à la fois, que s'est faite la première impression du ⊗; car une telle impression ne peut opérer que le deplacement de la ○— de la ∞ et ses parties conservant entre elles les mêmes relations, il n'en seroit resulté le developpement d'aucune forme.

Soit la ○— de la ∞ A.B. les ∴ élementaires $\overset{1}{a}\,\overset{2}{a}\,\overset{3}{a}\,\overset{4}{a}\,\overset{5}{a}\,\overset{6}{a}\,\overset{7}{a}\,\overset{8}{a}$ sont placés sur la même ligne √ l'un à l'autre (Fig: 8) si on les suppose tous obeissant dans un instant donné au meme ⊗, il est évident qu'ils ne resultera de ce ⊗ que le deplacement de la ○— A.B.

Pour qu'il ait existé des formes, il à donc fallu, que la premiere impression du ⊗ ne se soit faite que sur une portion de la ∞.

Soit la ○— de ∞ A B (Fig. 9) si on suppôse que les ∴ élémentaires $\overset{1}{a}\,\overset{2}{a}$ obeissent a un même ⊗ tandis que les ∴ $\overset{3}{a}\,\overset{4}{a}\,\overset{5}{a}\,\overset{6}{a}$ sont en ⁄— il y aura un changement de relation entre les parties de la ○— A.B. entre les parties qui se meuvent et celles qui ne se meuvent pas encore, et l'on concevra la possibilités des combinaisons et du developpement des formes.

21. Un ∴ qui se meut tend toujours à décrire une ligne droite, et il ne s'éloigne de la ligne droite pour décrire une ligne courbe, que par ce qu'à chaque instant il est forcé par les obstacles qui se succedent à abandonner la ligne droite.

Car une Ligne courbe n'est elle meme qu'un assemblage de lignes droites et il n'y à pas de raison pour qu'un ⊟ ou un ∴ en se mouvant quitte la premiere des lignes droites qui forment cet assemblage, pour arriver à la seconde, s'il n'y est forcé par un obstacle qui l'empêche de continuer la premiere (Fig: 10)

Un ∴ qui se meut ne peut quitter sa place.

Fig: 8.

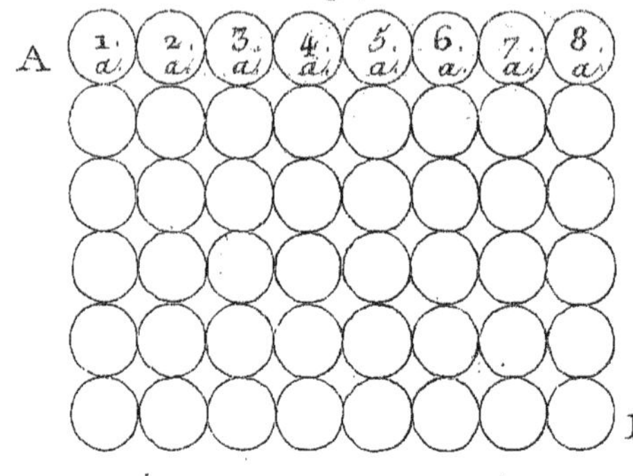

Fig: 9.

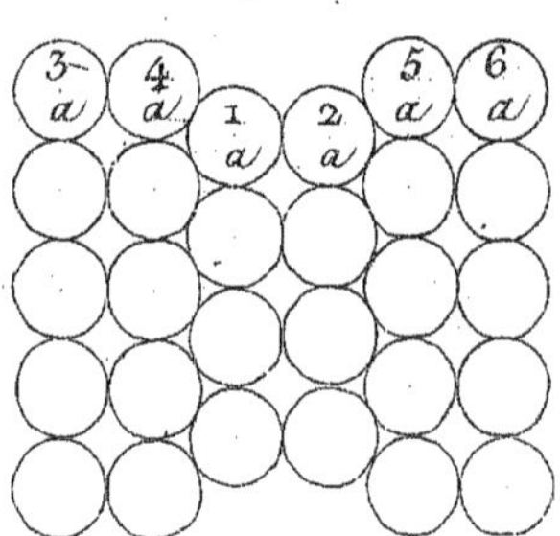

Fig: 10.

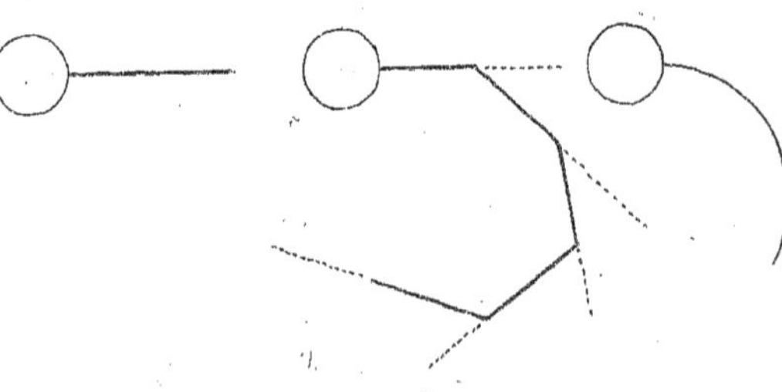

u'il ne soit remplacé par un autre.
Car tout est ● dans l'Univers.
Un ∴ qui se meut va toujours vers le ☉ qui lui offre le moins de resistance, c'est à dire vers le ☉ ou le ● ou la ≈ des ∴ tend à être interompue.
Car le ● ne peut être interrompu dans l'Univers.
2 Cela posé, il faut demontrer trois choses
1.° Que la premiere — — donnée à la ∞ qui a imprimé un double ⊗ ○ universel.
2.° que la premiere — — donnée à la ∞ a imprimé aux ∴ qui la composent un ⊗ de ○ particulier.
3.° que du ⊗ ○ et du ⊗ de ○ de la ∞, sont resultées toutes les directions et toutes les ○ de ⊗ possibles dans la ∞
3 Soit en premier ☉, les deux ∴ a, b, qui se meuvent dans le ● (Fig: II.)
Il est évident que pour que le ⊗ ne soit pas interrompû a ne peut se mouvoir vers b, que b ne se meuve vers a, a ne peut deplacer b, que b ne remplace a,
Mais a en déplaçant b, et b, en deplaçant a decriront la Ligne courbe e e.
Ce qu'on dit des deux ∴ a, b, on doit le dire des quatre ∴ a, b, c, d, (Fig: 12)
Il est évident que les ∴ a, et b, ne peuvent se mouvoir qu'ils ne deplacent les ∴ c, et d, mais les ∴ c, et d, deplacés iront vers le ☉ qui leur offrira le moins de resistance.
Le ☉ qui leur offrira le moins de resistance est le ☉ le plus voisin d'eux ou la ≈ des ∴ tend à être interrompue.
Ce ☉ le plus voisin est pour l'∴ c, le ☉ que quitte l'∴ a, et pour l'∴ d, le ☉ que quitte l'∴ b.
Donc à mesure que l'∴ a, deplace l'∴ c, l'∴ c, remplace l'∴ a, à mesure que l'∴ b, deplace l'∴ d, l'∴ d, remplace l'∴ b.
Mais les ∴ a, et c, b, et d, en se deplaçant et en se remplaçant décrivent les courbes semblables e, e.
Ce qu'on dit des quatre ∴ a, b, c, d, il faut le dire des huit ∴ a, b, c, d . . . a, b, c, d (Fig: 13)
Il est évident que l'∴ a, ne peut se mouvoir qu'il ne meuve et déplace l'∴ c.
Or l'∴ c, deplacé doit aller comme on vient de le dire vers le lieu qui lui offre le moins de résistance, c'est à dire vers le ☉ ou le ● des ∴ tend à être interrompu.

Fig. 11.

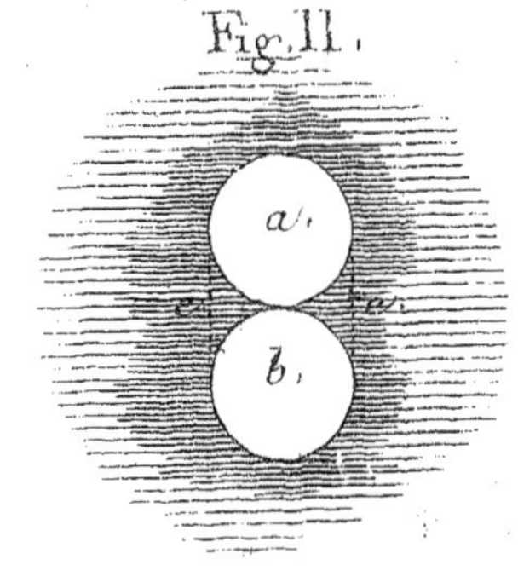

Fig. 12.

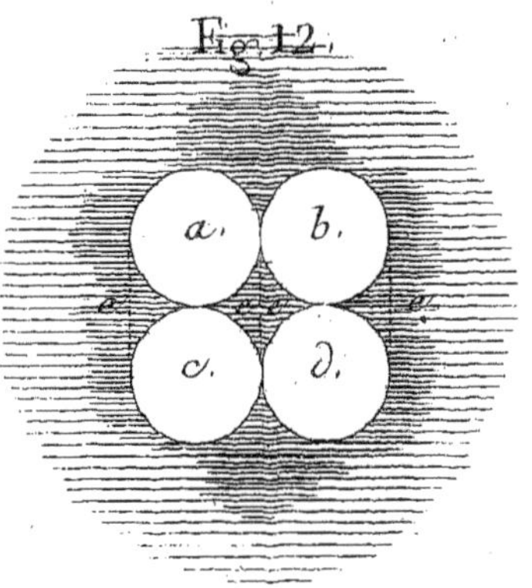

Fig. 13.

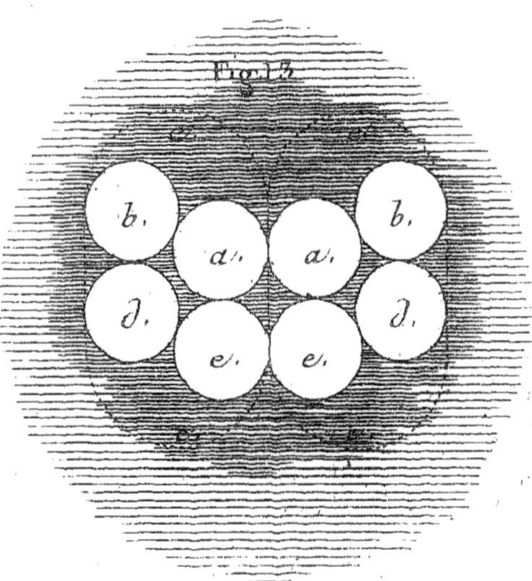

Le ⊙ vers le quel le ● des ∴ tend à être interrompû est le ⊙ que quitte l'∴ a.

Quand a. tend a deplacer c. c. doit donc tendre a remplacer a.

Mais c. ne doit pas remplacer immediatement a. par ce qu'en remontant vers a il trouve un obstacle vers l'∴ d. au quel il est ⁓

Il faut donc pour remonter vers a. qu'il meuve l'∴ d. devant lui.

L'∴ d. ainsi mu ira comme l'∴ c. vers le ⊙ qui lui offrira le moins de resistance, c'est à dire, encore vers le ⊙ que quitte l'∴ a.

Mais il n'ira pas immédiatement vers ce ⊙, par ce qu'il trouve dans son chemin l'∴ b.

Il faudra donc qu'il meuve l'∴ b. et l'∴ b. trouvant devant lui la place que quitte a. occupera cette place et laissera la sienne a l'∴ d. qui laissera la sienne a l'∴ c qui laissera la sienne a l'∴ a &c

Ainsi a. ne pourra se mouvoir vers c. que c. ne se meuve vers d. que d. ne se meuve vers b. que b. ne se meuve vers a.

Mais les ∴ a. b. c. d. en se deplaçant et en se remplaçant mutuellement parcourent les courbes ○ e. e. e. e.

Ce qu'on dit de deux, de quatre, de huit ∴ on peut le dire de dix, de douze, et ainsi à l'infini, (Fig: 14.)

Par la necessité du ●, et par ce que les ∴ se meuvent toujours vers le ⊙ qui leur offre le moins de resistance, la premiere — — donnée à la ∞ l'a donc determinée à décrire deux courbes ○ ou ce qui est la meme chose lui a imprimé un double ⊗ ○ universel.

24 Soit en second ⊙ le ⊗ imprimé dans le ● aux deux ∴ a. b. (Fig: 15.)

D'apres ce qui vient d'etre dit il faut que si a. se meut vers b... b. se meuve vers a. et qu'a mesure que a. tend à remplacer b. b. tende à remplacer a. or les ∴ étant ♡ il faut que a. glisse ou se meuve lateralement sur b. pour remplacer b. comme il faut que b. glisse ou se meuve lateralement sur a. pour remplacer a.

Ce qu'on dit de deux ∴ il faut le dire de tous les ∴ qui composent la ∞

Soit la ⊸ d'∴ A.B. (Fig: 14.)

On vient de dire qu'un ▤ qui se meut tend toujours à décrire une ligne droite.

Fig: 14.

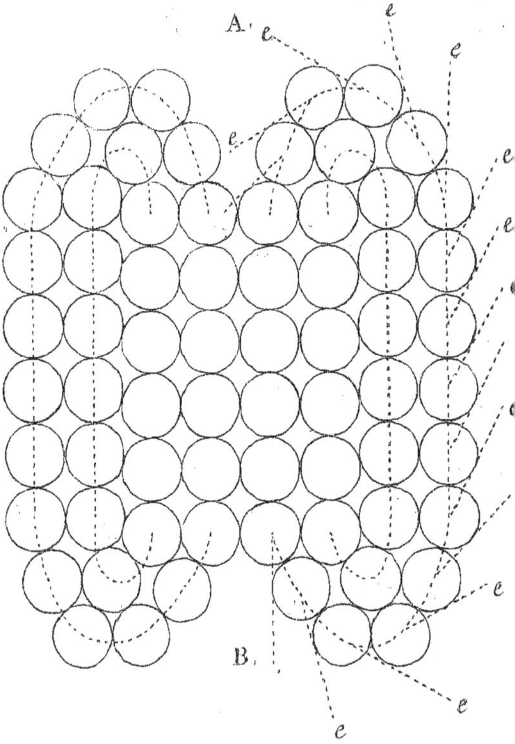

A. B. e e e e e e e e

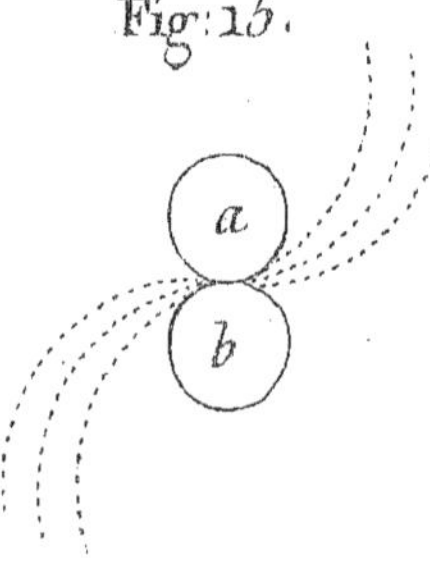

Fig: 15.

Donc quoi que par la necessité du ● tous les ∴ qui composent la ⊶ A.B. soient déterminés à décrire une route ◯, cepen-dant chacun en particulier tend à décrire une ligne droite

Toutes ces tendances particulieres peuvent être exprimées par les lignes e.e.e.e.e.

Or chacune de ses lignes qui exprime la direction particuliere du ⊗ de chaque ∴ frappe latéralement l'∴ qui suit.

Mais des ▤ mus latéralement recoivent un ⊗ de ♁ sur eux même ou sur leur axe

Donc par la seule necessité du ●, de la premiere — — du ⊗ il resulte dans la ∞ un ⊗ de chaque ∴ sur son axe ou un ⊗ particulier de ♁ pour chaque ∴

5 Soit encore en troisieme ⊙ la ⊶ d'∴ A.B. (Fig: 14.)

On a vu que chaque ∴ dans cette ⊶ avoit sa ↘ particuliere exprimée par les lignes e.e e.e.e.

Or toutes ces ↘ different entre elles elles sont plus ou moins diverses, plus ou moins opposées.

Mais des ∴ qui se meuvent avec des directions de ⊗ particuliéres avec des directions plus ou moins diverses, plus ou moins opposées, doivent produire entr-elles dans le ● toutes les ⊂⊃ de ⊗ possibles.

Donc du ⊗ ◯ et du ⊗ de ♁ de la ∞ sont resultées toutes les directions et toutes les ⊂⊃ de ⊗ possibles dans la ∞.

6 La génération des ⊗ aux quels la ∞ obeit etant ainsi expliquée, on appercoit comment par l'effet de ces diverses ⊗ toutes les ⊂⊃ se sont produites et developpées.

7. On à dit qu'un ⋙→ est une ⊶ de ∞ = mise en ⊗ dans une meme direction

Il y à des ⋙→ universels et des ⋙→ particuliers.

Un ⋙→ Universel est celui qui obeit a une meme direction d'une extremité du ● de la ∞ à l'autre.

Un ⋙→ particulier est celui qui dans le ● de la ∞ obeit a une meme direc-tion d'un point donné vers un autre

On appelle encor ⋙→ universel, un ⋙→ qui se meut par une meme direc-tion dans toute l'Etendue d'un ⩫ quel-conque, du ⩫ de notre terre, par exem-ple et ⋙→ particulier un ⋙→ qui dans un ⩫ se meut d'un point vers un autre.

C'est par le moyen des ⇶→ universels et particuliers que se distribue et s'applique dans toutes les parties de la ∞, la somme de ⊗ qui lui a été donnée dans le principe.

28 C'est dans la maniere dont ses ⇶→ sont modifiés, que se trouve la raison de toutes les ƆC et de toutes les ⊗ possibles developpés et à developpés dans l'Univers.

29 Dans le nombre infini de ƆC de la ∞ que les ⇶→ universels ou particuliers ont ha=zardées.

Ces ƆC seulement etoient parfaites et ont subsisté ou il ne s'est point trouvé de contradiction de ⊗, c'est à dire qui n'ont point été hazardées par des ⊗ qui se contrarient.

Car on concoit que les ⊗ qui se contra=rient se détruisent et ne peuvent pro=duire d'effets subsistants.

Les ƆC parfaites ont produit ce que nous avons appelles ‖

Les ƆC parfaites en se perfectionnant encore d'avantage sont en suite parve=nues à former des ☾ pour la propagation des Especes.

On peut se former une idée de l'operation par la quelle la Nature à formé des ‖ et des ☾ en considerant le phenomene de la Cristalisation.

30 Tout etant ●, les ≈≈ que les ⊟ quel qu'ils soient laissent entre eux, sont remplis par les ⇶→ du ═ universel.

Tous les ⊟ qui se meuvent dans l'≈≈ flottent donc dans un ⇶→ du ═ universel.

31 Chaque ⁘ est entraîné dans une ᘓ du ⇶→ de ∞ qui lui repond (Fig:16.)

Deux ⁘ ne peuvent être en — sans met=tre un obstacle aux deux ᘓ du ⇶→ qui leur repondent (Fig:17.)

Si ces deux ᘓ ne peuvent vaincre l'obs=tacle qui leur est opposé elles se joignent au ᘓ voisines et leur ⊗ est accéléré (Fig:18.)

Car on à dit que le ⊗ d'un ⇶→ est accé=léré toutes les fois que l'≈≈ dans le quel un ⇶→ s'écoule se resserre et l'≈≈ dans le quel un ⇶→ s'ecoule se ressere en rai=son des obstacles qui lui sont présentés.

A l'approche d'un ⊟ ╫ les ⇶→ sont donc accélérés

Un ⊟ est plus ╫ qu'un autre lors qu'il offre moins d'✱ perméables au ⇶→ dans le quel il est plongé, ou ce qui est la mê=me chose lorsqu'il y à moins de parties ═ dans sa ⊸ (Fig:19.)

Fig:17.

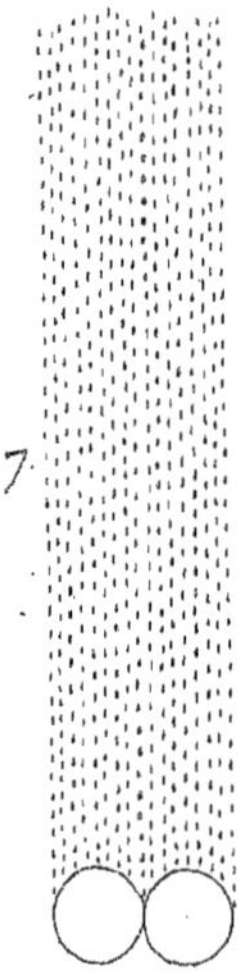

Fig:16.

Fig:18.

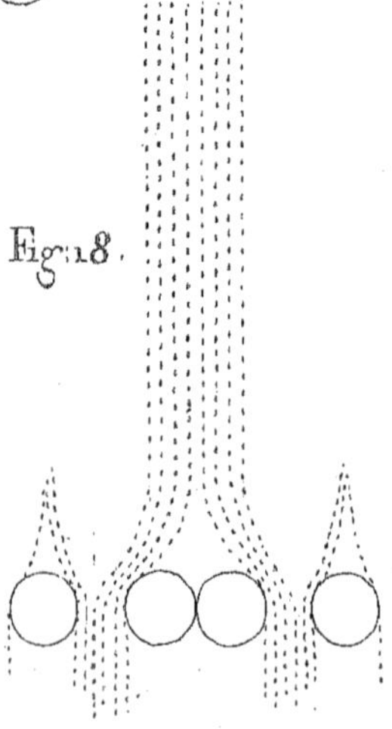

Plus un ⊟ est ⫲ plus il presente de ré=sistance au ⋙→ qui lui est opposé

L'Accélération d'un ⋙→ est donc en rai=son de la ⫲ ou de la ◍ de la ⊸ qui lui resiste

Un ⋙→ en traversant une ⊸ de ∞ ou un ⊟ qui lui offre des ★ a parcourir est modifié en ℭ— séparées (Fig: 20.)

Si les ℭ— de deux ⊟ opposés, s'insinuent mutuellement dans les ★ l'un de l'autre sans que leur ⊗ soit troublé il resulte de cet effet l'★★ apparente (Fig. 21.)

Si au contraire leurs ℭ— se heurtent ou si les unes prédominent sur les autres il resul=te de ce choc l'— — et la ⊣ ⊢ (Fig. 22.)

On a dit que tout étant ○ lorsqu'un ⋙→ entre dans un ⊟ l'autre en sort ⁄⁄

Mais quand les ℭ— d'un ⋙→ entrent dans un ⊟ l'≈ dans le quel elles se meuvent se ressere, elle deviennent ◎ et leurs ⊗ est acceleré, quand elles en sortent au contraire l'≈ dans le quel elles se meuvent s'etend elles devienent ○○ et leurs ⊗ est retardé (Fig: 23.)

2 La Nature des ⋙→ universels et parti=culie ainsi determinée on explique l'ori=gine, la formation et l'⚲ mutuelle des ⊟ celestes,

Des l'instant que par l'effet necessaire des loix du ⊗, plusieurs ∴ se sont unis et qu'il à existé une ⁂ plus grossiere que les parties élémentaires de la ∞, cette ⁂ comme on vient de le voir à fait obstacle au ⋙→ qui lui repondoit (Fig: 24.)

Le ⋙→ n'ayant pû vaincre l'obstacle qui lui etoit opposé la ⁂ est devenue pour lui un ⊠ contre le quel il a exercé son action (Fig: 25.)

Par l'effet de cette action, il a continu=ellement entrainé vers ce ⊠ toute la ∞ flottante qui existoit dans son cours (Fig: 26.)

Ce ⊠ ou ce ⊟ ⊡ s'est accru de toute cette ∞ flottante.

Plus le ⊟ ⊡ s'est accru et plus le ⋙→ est devenu considérable car le ⊟ ⊡ n'a pû s'accroitre sans determiner vers lui une plus grande quantité de ⩦ Fig: 27.

Plus le ⊟ ⊡ s'est accru et plus le ⋙→ est devenû rapide, câr on vient de di=re que la rapidité des ⋙→ augmente en raison des obstacles qui leurs sont presentés,

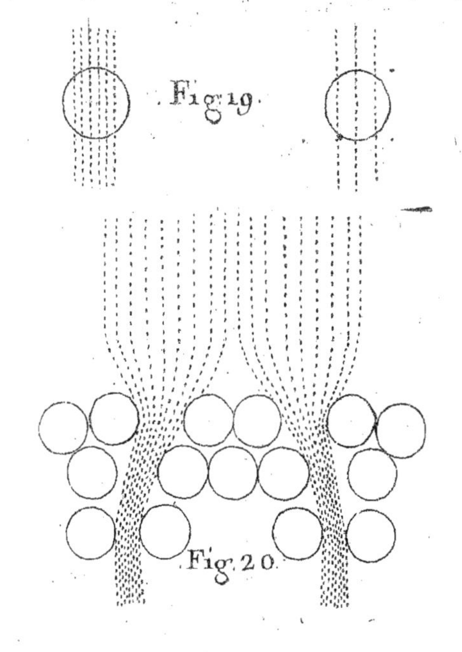

Fig. 19.

Fig. 20.

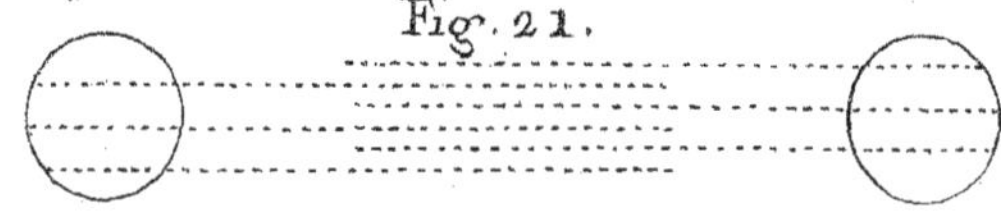

Fig. 21.

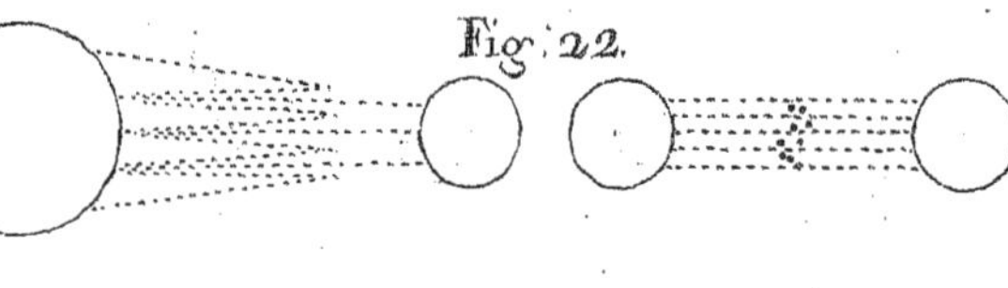

Fig. 22.

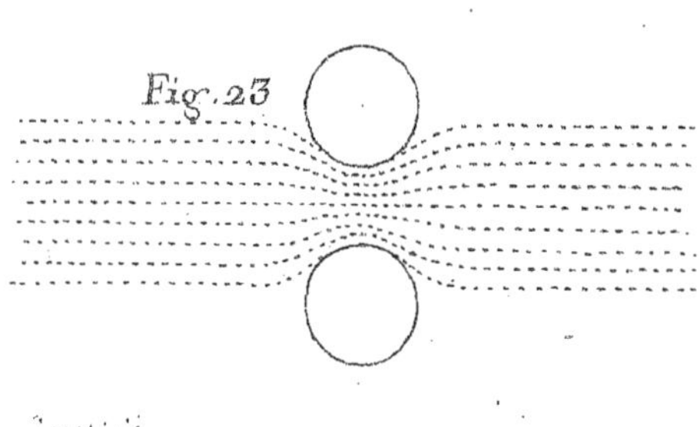

Fig. 23

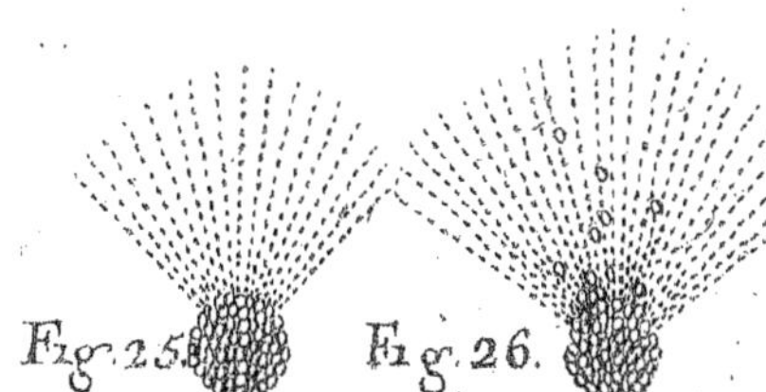

Fig. 24.

Fig. 25.

Fig. 26.

Le ➳ n'a pu devenir plus considerable et plus rapide sans entrainer encor une plus grande quantite de ∞ vers le ▤ ▯ (Fig: 28.)

Le ▤ ▯ en croissant a donc donné plus détendüe et de rapidite au ➳ au quel il repondoit, le ➳ en devenant plus ra: :pide et plus étendû à donc accru la mas: :se du ▤ ▯ contre le quel il agissoit et cet effet double et reciproque s'est étendu jus: qu'a la distance ou il s'est trouvé contre balancé par l'action semblable d'un autre ▤ et d'un autre ➳ (Fig: 29.)

Ainsi se sont formés les ▤ Celestes

33. Les ▤ Celestes sont nécessairement sphéri= ques par ce que l'action des ➳ qui les a formés s'es exercée de leur periférie ou de leur circonférence à leur ⊠ (Fig: 30.)

34. La ⊶ des ▤ celestes n'est pas la même, par ce que les premieres ⁘ avec les quelles ils ont été composés ayant plus ou moins de grosseur et se trouvant combinées diffe: remment, les ➳ qui ont agi contre les ⁘ n'ont eu ni la même rapidité ni la même étendue (Fig: 31.)

35. La difference de ⊶ des ▤ Celestes repond à l'etendüe de l'≈≈ qui se trou: :ve entre eux, car un ▤ celeste n'est plus grand qu'un autre que par ce que les ➳ qui l'ont formé ont rassemblé au tour de son ⊠ plus de ∞ flottante, mais la ∞ flottante avant la formation des ▤ oc= :cupoit un ≈≈ et cet ≈≈ etoit en raison de sa quantite, plus il y a eu de ∞ em: ployée pour former un ▤, plus l'≈≈ au tour de ce ▤ a donc été considerable

Il est donc vrai de dire que les ≈≈ qui séparent les ▤ celestes sont en raison des ⊶ de ces ▤ (Fig: 32.)

36. Les ▤ Celestes tournent sur leur axe par ce que la ∞ à reçu un ⊗ de 0° dans le principe, et que de cette 0° il est impos sible qu'il ne resulte pas pour chaque ⊠ au tour du quel toutes les parties des ▤ celestes se sont composées un ⊗ sur lui meme ou sur son axe

Si la ⁘ a (Fig: 33.) tourne sur son axe, toutes les ⁘ qui lui ont été succes :sivement unies ont du obéir au même ⊗ elles ont donc du tourner sur l'axe de la ⁘ a à mesure quelles s'unissoient à elle

37. Les ▤ Celestes sont des ⊠ par rapport au ➳ qui les a formés, mais il peuvent

Fig: 27.

Fig: 28.

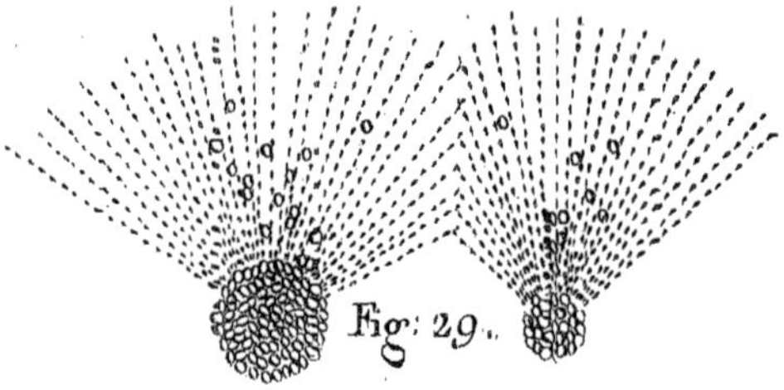

Fig: 29.

Fig: 30.

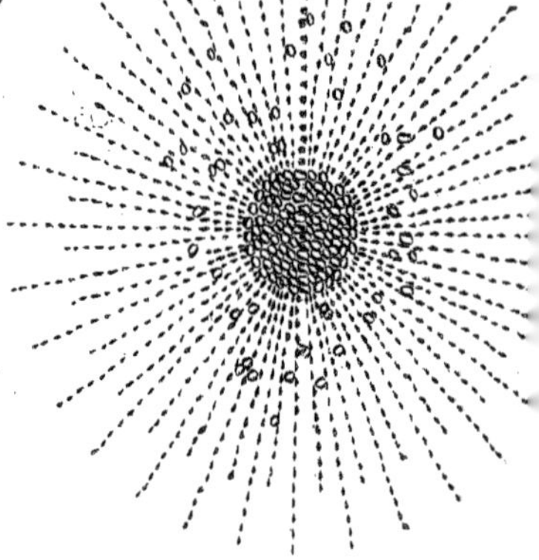

Fig: 31.

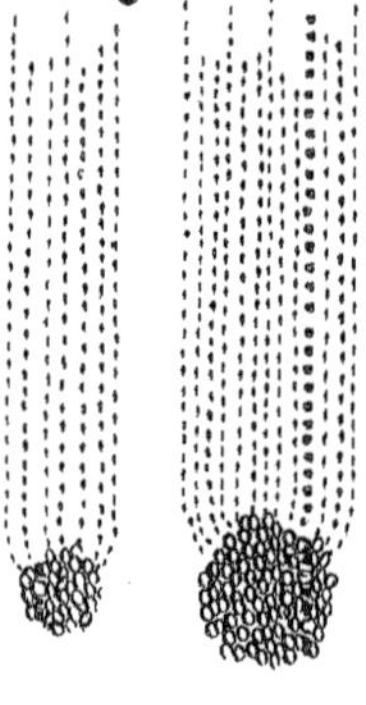

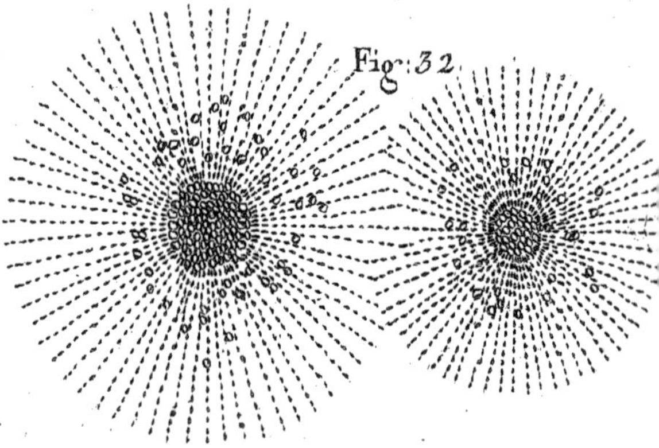

Fig: 32

Fig. 33

Fig. 34

beir à un autre ⊠ et être entrainés
ar le ⊗ que cet autre ⊠ determine. Ainsi
Lune est entrainée par le ⊗ de la Terre.
insi les Planettes font leur révolution
utour du Soleil (Fig: 34)
On apelle ✺ une ⊂— de ∞ = qui se
eut au tour dun . ⊠.
On appelle ◎ un ⊟ qui étant entrainé
ar le ✺ d'un autre ⊟ n'a pas le même
⊟ que lui
Un ⊟ ◎ s'approche du ⊠ de son ✺ par
force des ⟿ qui se precipitent vers ce ⊠
Un ⊟ ◎ s'eloigne du ⊠ de
on ✺ par l'effet de son ⊗ ou de sa
force centrifuge c'est a dire par l'effet
lu ⊗ qui le porte à s'echapper par toutes
s Tangeantes de la ligne courbe qu'il decrit
Un ⊟ ◎ occupe sa place dans un ✺
u point ou la force des ⟿ qui le pre-
ipitent vers le ⊠ du ✺ est égal à la for-
e centrifuge qui l'en éloigne
Les ⊟ Celestes ont une ⟋ reciproque
s uns vers les autres.
Soit le ⊟ A (Fig: 35) environné de
∞ = f.f.f.f. &c. e.e.e.e. &c. on
oit que par ce que tout est ● dans l'Univers
n'y existe pas un ⟿ rentrant sans un
⟿ sortant. par consequent a mesure
ue les Rayons f. f. f. f. entrent dans
s ★ du ⊟ A les Rayons e.e.e.e. doi-
ent en sortir,
Cela posé
Soit les deux ⊟ A.B. environnés de
a ∞ f.f.f.f. il est évident que
s ⟿ sortans des ⊟ A. et B. doivent
ller vers le ⊙ qui leur offre le moins
e resistance c'est a dire comme on
sait vers le ⊙ le plus voisin d'eux, ou
● des ⁘ tend à être interompû,
Fig: 36)
Donc les ⟿ qui s'élancent du ⊟ A
oivent aller vers le ⊟ B pour remplacer
s ⟿ qui en sortent, et les ⟿ qui
élancent du ⊟ B doivent aller vers le
A pour remplacer les ⟿ qui en sor-
ent, car a cause de la necessité des
⟿ rentrans et sortans, le ⊟ B est
⊙ le plus voisin de A ou le ● des ⁘
nd à être interrompû, et réciproquement.
Ce qu'on dit des deux ⊟ A et B on doit
dire de deux de trois, de quatre ⊟
un mot de tous les ⊟ qui se meuvent
ans l'≈ les ⟿ qui sortent des uns

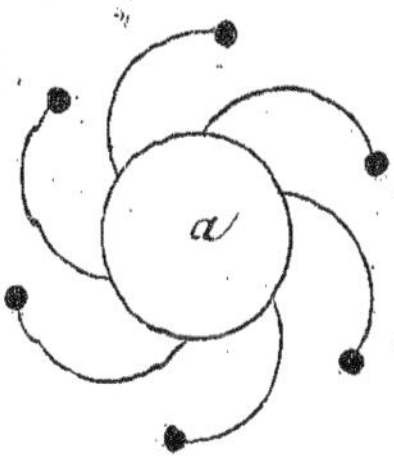

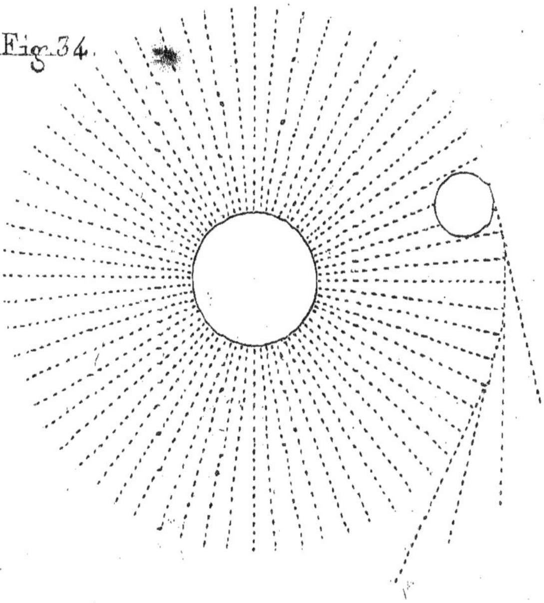

Fig. 35

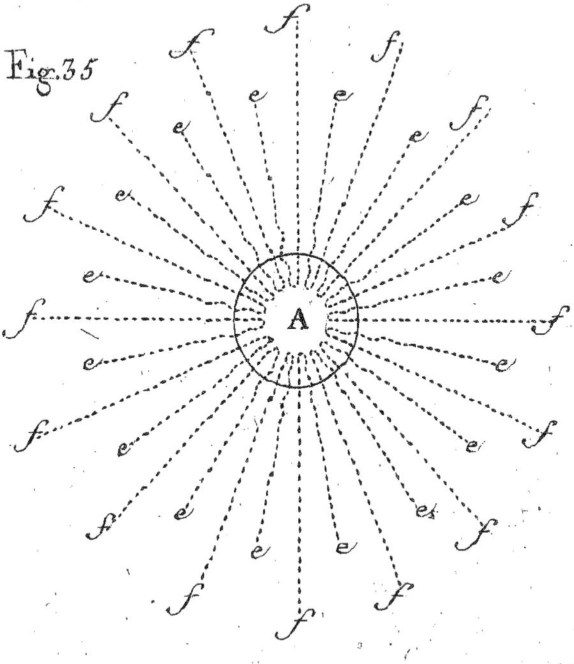

s'élancent vers les autres et réciproquement, mais on sçait que tout ⊟ existant dans un ═ obéit au ⊗ de ce ═.

Donc si le ═ qui s'élance du ⊟ A. se meut vers le ⊟ B. et réciproquement les ⊟ A et B doivent tendre l'un vers l'autre

Donc il y a une ⟍ mutuelle entre tous les ⊟ Celestes.

39. La ⟍ des ⊟ Celestes est en raison de leurs ⊂, C'est a dire que si le ⊟ A a plus de ⊂ ou de ⁞ que le ⊟ B. il attire plus le ⊟ B qu'il n'en est attiré, car on à vû que la rapidité des ⟿ dans les quels les ⊟ sont plongés est en raison de la ⊂ ou de la ⁞ des ⊟ (Fig: 37.)

40. La ⟍ des ⊟ Celestes est en raison de leur distance c'est a dire que plus les ⊟ A et B (Fig: 38.) sont distans l'un de l'autre et moins il s'attirent.

Car plus un ⊟ est éloigné d'un autre corps et moins les ⟿ qui sortent du premier pour entrer dans le second sont ◎

Mais moins les ⟿ sont ◎ et moins ils sont rapides, moins ils sont rapides et moins grande est la Célérité avec laquelle ils entrainent les ⊟ qui leur obéissent,

Donc plus les ⊟ sont éloignés et moins ils s'attirent

Donc l' ⟍ des ⊟ Celestes est en raison de leur distance

41. La ⟍ des ⊟ Celestes s'exerce sur toutes les parties qui les constituent, c'est a dire que les parties d'un ⊟ tendent chacune vers les parties d'un autre ⊟ et réciproquement, car comme il ne peut y avoir de vuide dans la ∞ si un ∴ du ⊟ A tend vers B il faut que cet ∴ tende a etre remplacé par l' ∴ qui le suit et ainsi successivement (Fig: 39.)

42. La ⟍ des ⊟ Celestes est plus directe entre les parties de leurs surfaces qui se regardent qu'entre les parties de leurs surfaces qui sont opposées,

Car dans le ⊟ A. les ⟿ qui sortent de la surface d d d sont plus direct vers le ⊟ B. que les ⟿ qui sortent de la surface d e d, (Fig: 40)

43. Les ⊟ Celestes en tournant sur leur axe s'opposent toujours la moitié de leurs surfaces

Fig: 36.

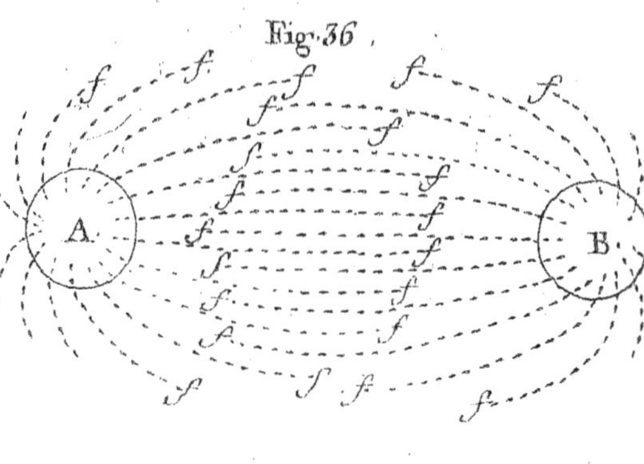

Fig: 37

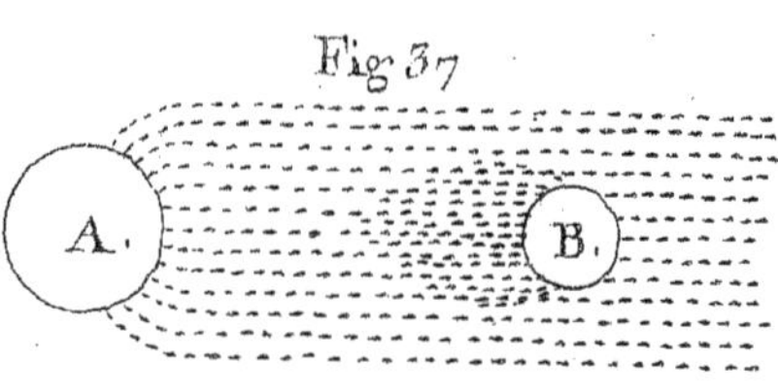

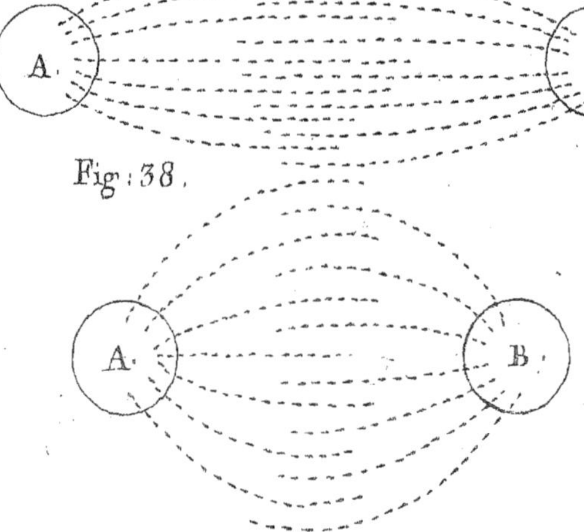

Fig: 38.

Fig: 39

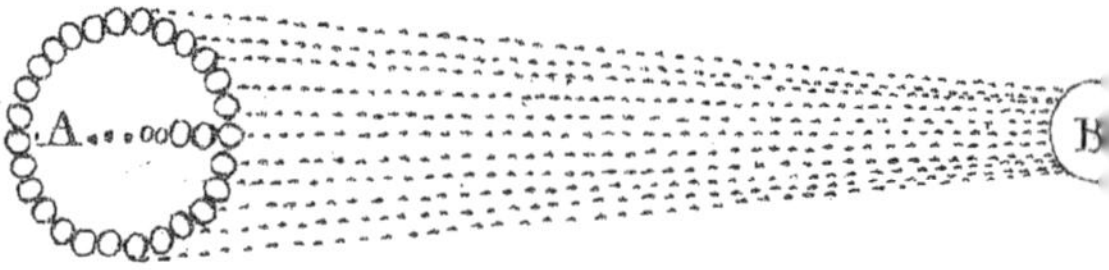

A. B

C'est sur cette moitié que sont reçues leurs mutu:
:elles impressions, Ce sont ces mutuelles impressi:
:ons qui constituent le ≈ dans chaque Sphere.

Ce sont ses mutuelles impressions qui par l'effet du ≈ determinent l'● d'une sphere sur un autre.

Cette ● se manifeste entre les ☰ les plus eloignés, on les voit accélérer, retarder et suspendre leurs ⊗ selon la Nature de l'action qu'exercent sur eux les ☰ avec les quels ils correspondent.

Cette ● s'exerce comme la ⟍ qu'on vient d'expliquer et dont elle est l'effet, non seulement sur la totalité des ☰ celes: :tes, mais encore sur toutes leurs parties constitutives.

Cette ● Universellement existante en: :tre tous les ☰ qui se meuvent dans l'≈ et entre toutes les parties de ces ☰, se nomme ✷.

Fin
de la
PREMIERE PARTIE

Fig: 40.

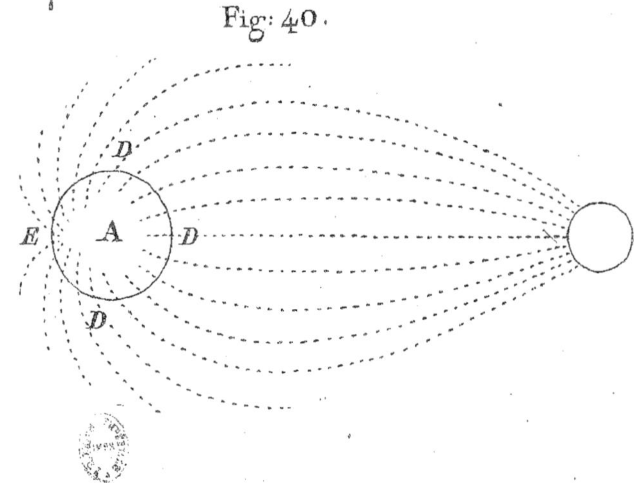

SECONDE PARTIE

SOMMAIRE

On parlera dans cette Seconde Partie des propriétés des ☰, la dureté, ou la X, l'⌇ la mollesse : apres avoir determiné les cau=ses et les effets de ces diverses propriétés on considerera le ⊗ comme agissant sur les ☰ et selon la Nature de son action produisant les phenomenes de la ♠, du ♆, de l'⬭ de l'⌂ on finira par une exposition du ⩫ de l'⊙ universelle ou du ≈ général entre tous les ☰ et l'on dira pour quoi cette ⊙ modifie tous les êtres.

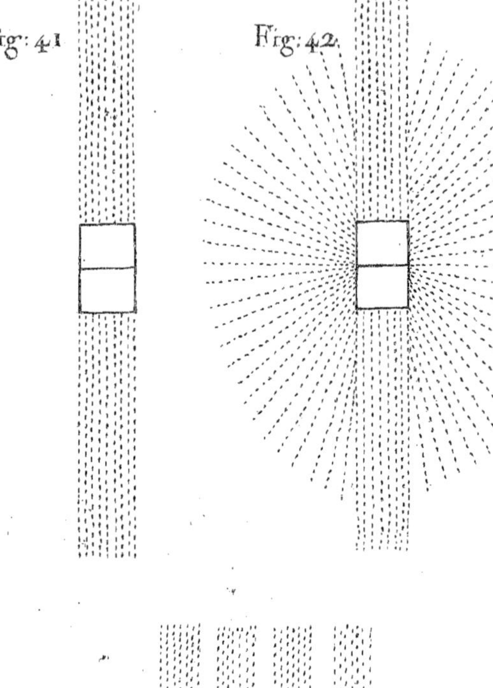

De la X.

44. La X est l'etat de la ∞ ou ses ◀ se trouvent ensemble sans ⊗ entre elles et ne peuvent se quitter sans un ⌒ étranger.

45. La ∞ est réduite en cet état par l'ef=fet des directions de ⊗ opposées ou par l'effet des celérités inégales dans la même direction de ⊗.

46. deux ◀ de ∞ qui se touchent ex=cluent dans leur point de O la ∞ élé=mentaire dont le ≡ Universel est composé (Fig: 41.)

47. La Separation de ces deux ◀ ne peut se faire sans un ⌒ contre la ∞ élé=mentaire qui les environne.

L'⌒ nécessaire pour opérer cette sépa=ration est égale à la ▥ qu'oppose la ∞ environnante.

La ▥ à vaincre est égale a la Colonne entiere de ∞ élémentaire qui repond au point de O (Fig: 42.)

Plus un ☰ à de points de O, plus il y à donc de Colonnes de ∞ élémentaire à vaincre pour opérer la séparation de ses parties (Fig: 43, 44.)

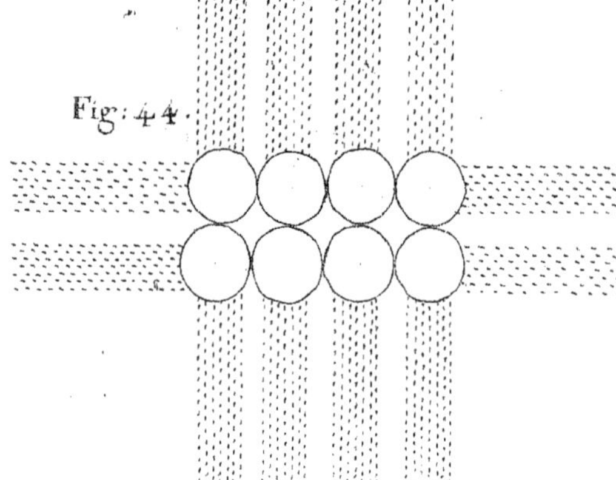

La ▥ des parties d'un ☰ est donc en raison combinée des points de O de ses parties et de la grandeur des co=lonnes du ≡ universel qui ont pour base ces points de O.

Mais la grandeur des colonnes du ≡ universel qui ont pour Base les points de O est nécessairement toujours la même.

Car les ≡ pressent en tout sens et leur pression égale dans quelque sens que ce soit peut être exprimée par des lignes égales

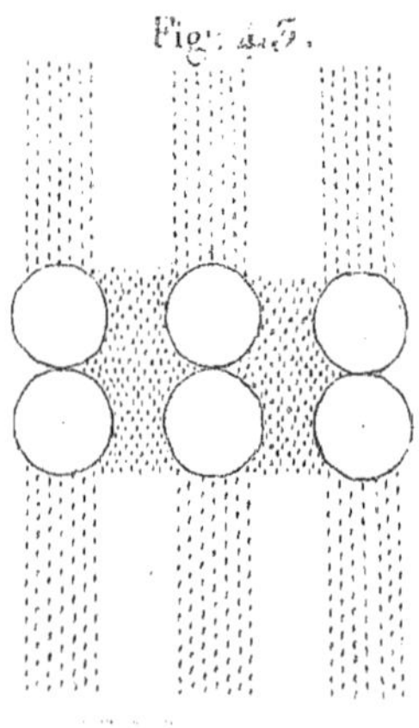

La grandeur des Colonnes étant la même on peut donc dire que la ▬ des parties d'un ⊟ est en raison directe des points de 0 de ses parties

8. La ▬ des parties d'un ⊟ commence à l'instant ou il se fait un ⌒ pour les séparer

La ▬ augmente à mesure que l'⌒ croit

Car tout etant ●, le = environnant resiste d'autant plus qu'on fait plus d'⌒ pour l'ecarter

La ▬ parvient donc à son dernier terme quand l'⌒ parvient à son dernier terme

L'⌒ parvient à son dernier terme au moment ou la séparation des parties se fait

Le dernier terme de la ▬ ou la ▬ totale n'est donc qu'un moment et ce moment est celui de la séparation des parties

Ce moment apres le quel il n'y à plus de X. avant le quel la X n'est pas à son plus haut degré peut s'appeller moment de la X.

9. La X. etant le moment ou la continuité du = est interrompue par le 0 des parties d'un ⊟, sitot que les parties étant séparées la continuité se rétablit la X. cesse

De l'⊸.

0. L'⊸. est la propriété qu'on certains ⊟ de se retablir dans leur premier etat qu'une force étrangere leur à fait perdre

1. La configuration des parties d'un ⊟ ⊸ doit être telle qu'elles puissent être rapprochées ou eloignées c'est a dire etre déplacées par raport à la ⊸ du ⊟ ⊸ sans se quitter ou sans souffrir un déplacement entre elles.

Car si a l'instant qu'elles s'eloignent ou se raprochent elles souffroient un déplacement entre elles il y auroit >< dans le ⊟ ⊸ il ne pourroit plus se rétablir dans son premier etat et l'⊸. n'auroit pas ⊙

2. La force qui tend a faire perdre à un ⊟ ⊸ son premier etat tend a déplacer ses parties entre elles ou a détruire leur X.

C'est donc une force contre la X.

3. Cette force contre la X agit toujours en comprimant le ⊟ ⊸

Soit qu'il s'agisse de séparer le ⊟ ⊸ en l'étendant, soit qu'il s'agisse de le rompre en le courbant, soit qu'il s'agisse de le briser en le comprimant, dans ces trois cas il se fait toujours une compression dans le ⊟ ⊸ (Fig: 45)

Fig: 45

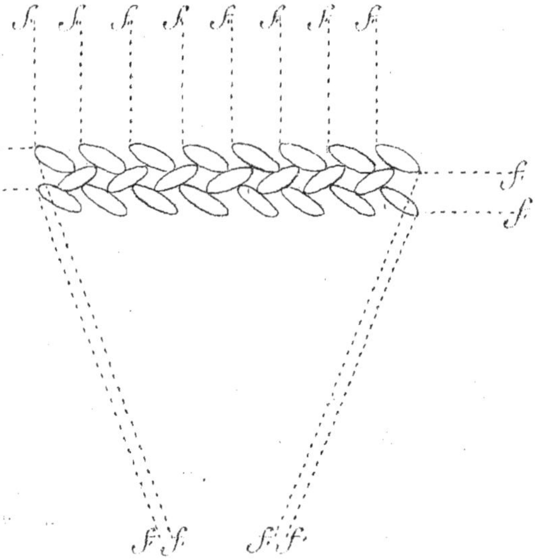

f f f f f f f f
f f f f
f f f f

54 Avant qu'aucune force étrangere ne tende à faire perdre à un ⊟⊂≈ son premier etat Ce premier état est comme celui de tous les autres ⊟ le resultat de l'action du = Universel qui entretient la X de ses parties en pesant sur leurs points de O et qui les maintient dans un certain ordre ou dans un certain arrangement entre elles en remplissant les ★ qui les separent.

Soit la ⁘ A qui represente quelques ◁ d'un ⊟ quelconque coherentes entr'elles, mais séparées par un ★ Il est aisé de voir que l'etat de cette ⁘ c'est à dire l'arrangement des parties qui la composent résulte de la pression du = universel sur les points de O c, c, c, c et de l'action de ce meme = qui traverse et remplit L ★ d. Fig: 46.)

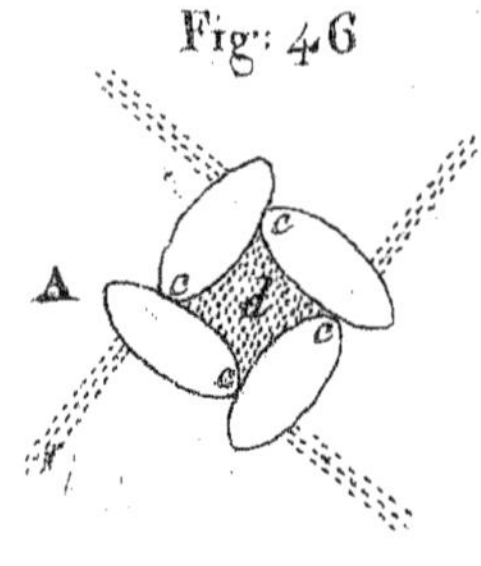

55 A l'instant ou une force étrangere est Appliquée au ⊟⊂≈ il se fait un ∼ pour vaincre ce que nous avons appelé le moment de la X et pour déplacer ainsi les parties du ⊟⊂≈ entre elles En meme temps et à mesure que cet ∼ se fait, les ★ ou passe le = universel qui opere la X se resserent et ce = ainsi resseré acquiert plus d'accéleration.

Soit le ⊟⊂≈ A.B. (Fig: 47.)

Il est aisé de voir qu'à mesure que Ce ⊟ est comprimé par les forces f, f, f, f, il se fait un ∼ tendant à detruire les points de O c, c, c, c, ou à vaincre le moment de la X des parties qui se touchent aux points c, c, c.

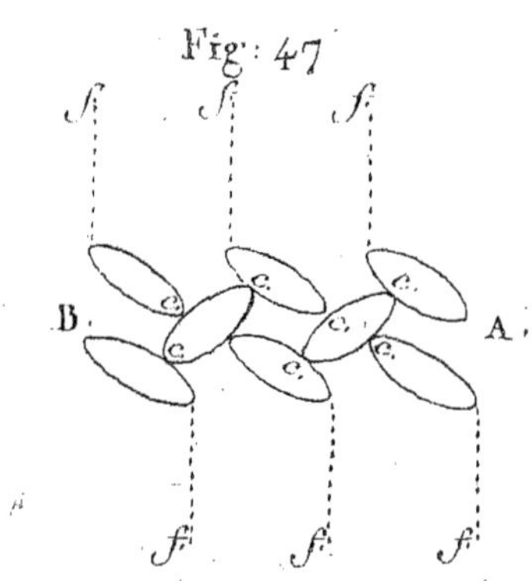

Il est aisé de voir encore qu'à mesure que le ⊟ A.B. est comprimé, ses ★ se resserrent et donnent ainsi plus d'acceleraton au = qu'elles reçoivent et qui pese interieurement aux points de O c,c,c,c.

56 A l'instant ou la force étrangere qui agissoit contre le ⊟⊂≈ est ôtée l'∼ contre la X ne se trouvant pas suffisant pour la vaincre la X reprend son empire, les ★ se retablissent dans leur diametre accoutumé et le ⊟⊂≈ retourne a son premier etat

Soit le ⊟⊂≈ AB. (Fig: 48).

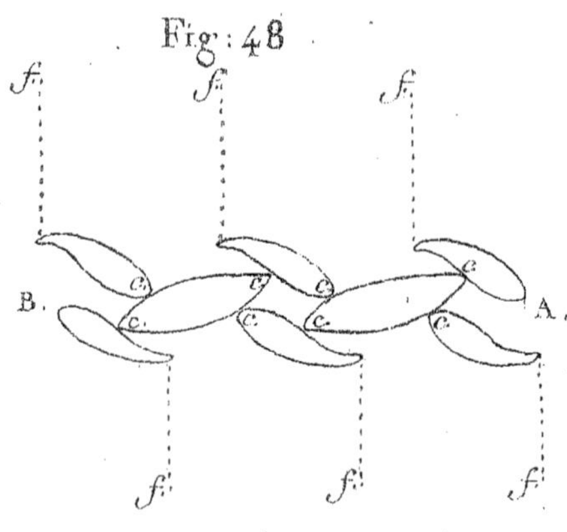

Il est aisé de voir qu'à mesure qu'on ôte les forces f, f, f, le = universel contre le quel on agissoit pour détruire la X, se rétablit contre les points de O, et dans les ★ du ⊟⊂≈ comme il etoit avant l'application des forces f, f, f, v. (AB Fig: 49.)

57 Le rétrécissement des ★ dans le ▤ ⊂⊃ n'est qu'un effet sécondaire et le resultat des ⌓ qu'on fait pour détruire la X des parties du ▤ ⊂⊃

58 La ▥ du ▤ ⊂⊃ est toujours commencée et n'est jamais finie, car si cette ▥ finissoit il y auroit séparation de parties et l' ⊂⊃ cesseroit

la ▥ dans le ▤ ⊂⊃ croit comme l' ⌓ operé pour la vaincre

La ▥ dans le ▤ ⊂⊃ est donc à son plus haut degré au moment où la force qu'elle combat etant vaincue elle rétablit le ▤ ⊂⊃ dans son premier état

Avant ce moment le ▤ ⊂⊃ résiste et son ⊂⊃ ne se déploye pas, à pres ce moment le ▤ ⊂⊃ ne resiste plus et son ⊂⊃ s'est déployée ; dans ce moment le ▤ ⊂⊃ resiste et son ⊂⊃ se déploye .

Ce moment peut donc être appellé le moment de l' ⊂⊃.

59 On à vu que pour vaincre où détruire la X, il falloit faire ⌓ contre les Colonnes du ═ universel qui en pressant les parties d'un ▤ operent la X

Donc dans le ▤ ⊂⊃ plus on veut détruire la X et plus on fait ⌓ contre le ═ universel qui agit en forme de colonnes pour operer la X. (Fig: 51.52) (C.)

60 Au moment de l' ⊂⊃ c'est à dire au moment du plus grand ⌓ contre la X l' ⌓ pour vaincre la X est égal à l'action des colonnes du ═ qui l'opérent; c'est à dire à l'action des colonnes du ═ qui pressent les côtés des ☾ qui composent le ▤ ⊂⊃ et qu'il faut soulever où écarter pour vaincre la X (Fig: 53 (D.)

L' ⌓ n'est pas plus puissant que l'action des colonnes car à lors la X seroit vaincue et l' ⊂⊃ n'auroit pas lieu.

L' ⌓ n'est pas au dessous de l'action des colonnes car à lors on pourroit concevoir un ⌓ plus grand contre la X sans qu'elle fut détruite et le moment de l' ⊂⊃ ou le moment du plus grand ⌓ contre la X ne seroit pas arrivé ,

Fig: 49

Fig: 50.

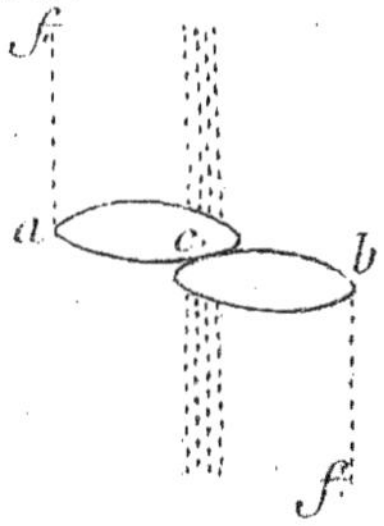

Fig: 51.

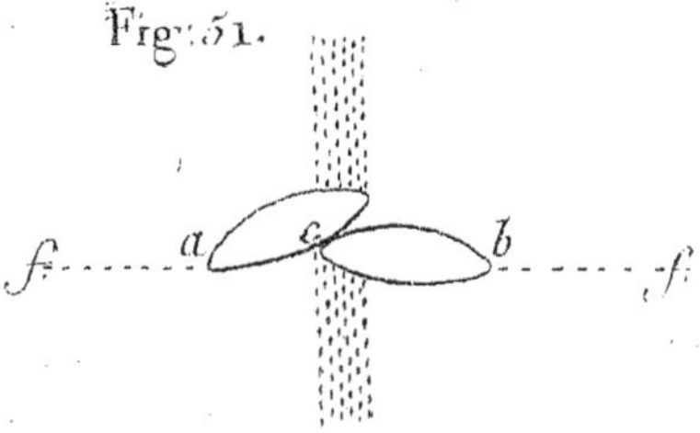

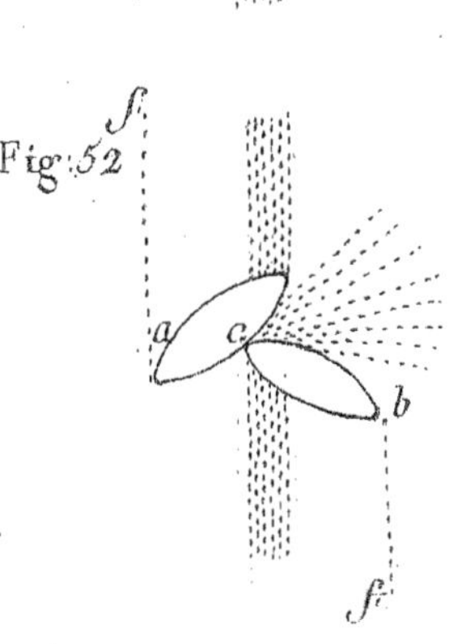

Fig: 52

(C.) Si l'on comprime par l'application des forces ff. les deux ⸫ a . b . Fig: 50) ou si on les étend par l'application des forces f.f. Fig: 51) il est bien évident que dans l'un et l'autre Cas on souleve les colonnes de ═ c . c .

(D.) La Figure 52.) represente le moment du plus grand ⌓ contre la X. les forces f.f. agissant sur les ⸫ a . b . les écartent et il s'introduit dans l'écartement des ⸫ autant de ⌓ du ═ universel qu'il y en à qui pesent aux points de Contact

61. Les nuances d'[symbole] contre la X et les nuances de [symbole] par la cause de la X produisent tous les effets de l'[symbole].

62. La Cause de l'[symbole] étant en partie celle de la X et n'en différant que par ce que dans les [symbole] [symbole] les parties constituantes ne sont pas comme dans les [symbole] [symbole] configurées pour se rétablir, la [symbole] du [symbole] [symbole] contre la force qui tend à opérer la dissolution de ses parties est en raison des points sur les quels cette force s'exerce.

Car chaque point qui éprouve l'action de cette force resiste à cette force dans le [symbole] [symbole]. donc plus il y aura de points résistans à cette force dans le [symbole] [symbole] et plus la [symbole] dans le [symbole] [symbole] sera grande.

L'Acier est plus [symbole] que le Bois, parce que l'acier etant plus compact que le bois il y a plus de points résistans dans l'acier que dans le bois,

63. Le [symbole] [symbole] est opposé au [symbole] [symbole]

Il y à cette différence entre le [symbole] [symbole] et le [symbole] [symbole] que comme on la vû dans le [symbole] [symbole] les parties qui le composent se déplacent par rapport à la [symbole] sans se déplacer entre elles et sans se quitter, tandis que les parties qui composent le [symbole] [symbole], se déplacent et se quittent entre elles sans quitter la [symbole].

De la [symbole].

64. On a dit qu'il y à une [symbole] reciproque entre tous les [symbole] coëxistans dans l'[symbole]

Cette [symbole] s'appelle [symbole].

Donc tous les [symbole] gravitent les uns vers les autres,

On à dit que la [symbole] des [symbole] est en raison de leurs [symbole] et de leurs distances,

Donc tous les [symbole] gravitent les uns vers les autres en raison de leurs [symbole] et de leurs distances. On à dit que la cause de la [symbole] des [symbole] est dans les [symbole] dans les quels ils sont plongés,

Donc les [symbole] dans les quels les [symbole] sont plongés sont la cause de la [symbole]

65. Un [symbole] général de la ∞ Subtile élementaire ou du [symbole] universel dirigé vers le [symbole] d'un globe quelconque entraine dans sa direction toute la ∞ combinée qu'il rencontre et qui par ce qu'elle est combinée, lui oppose une [symbole] (Fig: 53.)

Plus la [symbole] que la ∞ combinée oppose au [symbole] est considérable et plus grande est la vitesse avec la quelle cette ∞ est entrainée dans la direction du [symbole].

Fig: 53.

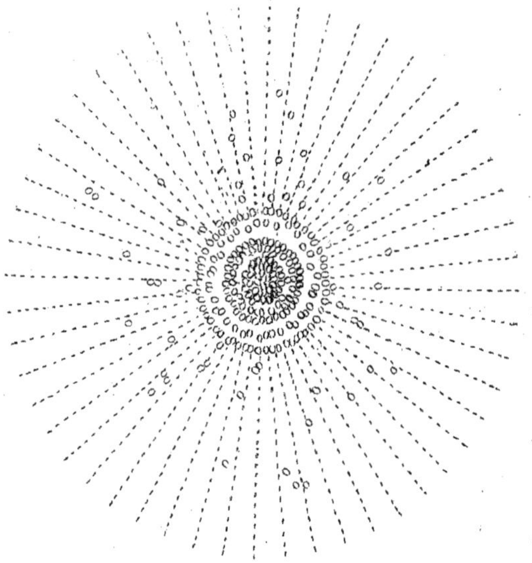

La precipitation de l'∞ combinée s'est donc faite en raison de la ▬ de chacune de ses ◀ .

Les plus grossieres de ces ◀ se sont donc precipitées les premieres .

Ainsi se sont formées toutes les couches de ∞ qui composent notre Globe .

Ainsi se sont formées toutes les couches de ∞ qui composent les differents globes .

66 . On appelle = la quantite de l'effet de la 💧

La force motrice d'un ⟿ etant appliquée à chacune des ⁘ qu'il entraine, la quantite de l'effet de la 💧 ou la = est en raison de la celérité du ⟿ et de la ▬ des ◀ . c'est a dire que plus les ◀ sont grossieres et le ⟿ rapide et plus les ◀ sont pesantes

67 . La Célérité des ⟿ croissant à mesure qu'ils approchent de la ▲ attendu qu'alors ils deviennent plus ◎ , la 💧 augmente dans la même proportion .

68 . De meme que tous les ⊟ pesans gravitent vers la ▲ la ▲ gravite vers les ⊟ pesants et vers toutes ses parties constitutives .

La cause de la 💧 de la ▲ vers les ⊟ pesans et vers toutes ses parties constitutives est dans les ⟿ qui sortent de ses ★ ou dans les ⟿ sortans, comme la cause de la 💧 des ⊟ pesants vers son ⊠ est dans les ⟿ qui entrent dans ses ★ ou dans les ⟿ rentrans .

La 💧 de la ▲ vers les ⊟ pesans et vers toutes ses parties constitutives est moins considérable que la 💧 des ⊟ pesans vers la ▲ par ce que les ⟿ qui sortent de la ▲ sont ○○ et que ceux qui y entrent sont ◎ , par ce qu'encore les ⟿ sortans conservent lorsqu'ils sortent la sinuosité qu'ils ont acquise dans les ★ de la ▲ et que les ⟿ rentrans se précipitent vers la ▲ avec plus de direction .

69 . Dans les points ou les ⟿ rentrans et sortans sont en équilibre la 💧 cesse (Fig: 54)

Donc entre la ▲ et la ◐ à une certaine distance de ces deux Astres la 💧 , cesse ; les ⟿ qui vont de la ▲ à la ◐ sont dabord tres foibles en ce qu'ils sont ○○ , insensiblement ils deviennent ◎ et leur rapidité augmente . de même les ⟿ qui vont de la ◐ à la ▲ sont dabord aussi tres foibles en ce qu'ils sont ○○ insensiblement

Fig: 54

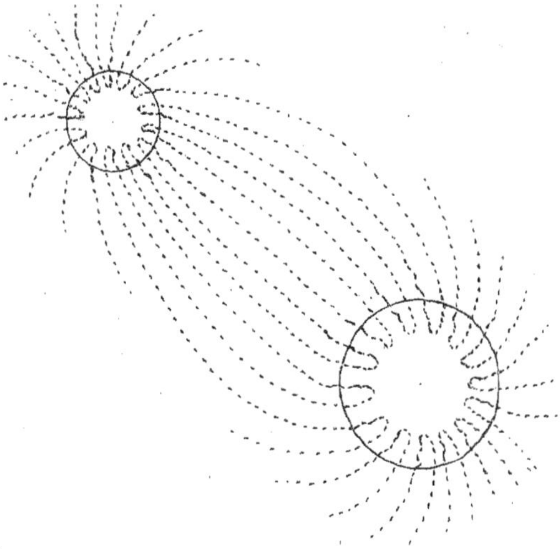

aussi ils deviennent ◎ et leur rapidi=
=té augmente, or il doit y avoir des
points où la rapidité des uns est é=
=gale à la rapidité des autres et dans
ces points la doit cesser, par ce
qu'un ☰ qui s'y trouveroit placé
ne seroit pas plus determiné à aller
vers la que vers la ◐.

Donc en core à une certaine profondeur
de la ○— de la la cesse, car à une
certaine profondeur de la ○— de la ,
comme entre la et la ◐ il doit y avoir
également des points ou les ⟶ rentrans
ne prédominent pas sur les ⟶ sortans
et ou la rapidité des uns est égale à celle
des autres, et dans ces points on vient de
voir que la doit cesser.

70. Les causes qui changent la ◎ de l'∞
combinée, c'est à dire qui la rendent plus
ou moins ||| celles qui changent l'intensité
des ⟶ peuvent aussi augmenter ou dimi
=nuer la des ☰. tels sont un changement
dans les dégrés de vitesse du mouvement
de ○ une varieté d'intensité dans la cause du
≈, et encore comparativement la ◊ et la ◊.

71. Les causes de la et la modification de
ces causes sont la raison de la ||| differen=
=te des parties constitutives de la .

72. La ||| ou la ◎ de la augmente à une
certaine profondeur, à près quoi elle dimi=
=nue ou cesse probablement (Fig. 54.)

Car plus les ⟶ approchent du ⊠ de la
et plus ils ont de convergence et de for=
=ce et plus par conséquent ils augmentent
la ||| des parties constitutives de la
contre la quelle ils agissent, mais il doit
y avoir un point ou le ⊗ des ⟶ se
trouve excessivement rapide et ou le ⊗
des ⟶ rentrans est presque diametralement
opposé au ⊗ des ⟶ sortans ;

La tout doit être en >< par ce que
ce que fait un ⊗ l'autre le détruit, par=
=ce qu'encore les ⟶ rentrans et sortans
se trouvant extremement rapprochés
il doit resulter de ce rapprochement un ⊗
excessif et que l'on verra dans peu que
l'effet d'un ⊗ excessif est de produire le
qui dissoud tous les ☰.

Donc si par l'effet des ⟶ qui vont vers la
la ||| de la augmente jus qu'à un certain
dégré au de la de ce degré la ≡ doit commencer

Du Ψ.

73. On a dit qu'il y a deux sortes de directions de ⊗, que par l'une les parties de la ∞ s'approchent, que par l'autre elles s'éloignent que par l'une s'opère la CƆ ou la X, que par l'autre s'opère la separation ou la ><

74. Un ⊗ de la ∞ élementaire extremement rapide et ℧, qui par sa direction est appliqué à un ⊟ dont la combinaison ne se trouve que dans un certain dégré de X produit la >< de ce ⊟.

75. Ce ⊗ ℧ extremement rapide est ce qu'on appelle Ψ.

Le Ψ n'est donc pas un être, une substance mais comme toutes les propriétés de la ∞ il n'est qu'une modification operée par le ⊗

76. Le Ψ consideré par rapport a nos sens produit sur le ═ universel un ⊗ ℧ qui étant propagé jusqu'a la rétine donne l'idée de la ⊏ ou de la ⊙ du Ψ et qui étant refléchi par d'autres ⊟ donne l'idée de la ⊙

Le même ⊗ propagé et appliqué aux parties destinées au ♀ en diminuant ou en affoiblissant plus ou moins la X donne l'idée de la ♃

L'etat du Ψ est donc un état de la ∞ opposé à l'Etat de la X.

Donc tout ce qui peut diminuer l'Etat de la X dans la ∞ approche plus ou moins de l'Etat du Ψ.

77. La ∞ phlogistique ou combustible est celle qui par de légeres combinaisons ne resiste pas à l'action du ⊗ opposée à la X.

La combustibilité de la ∞ est donc en raison de sa légereté.

78. Les differentes nuances du ⊗ ℧ qui détruit la X et du rapprochement de la ∞ vers l'état du Ψ produisent les divers dégrés de la ♃ et de ses effets.

De l' ⊂⊃

79. Si deux ⊶ dont les surfaces sont chargées de quantités inégales de ⊗ s'approchent la ⊶ moins chargée, suivant les loix de la communication du ⊗ reçoit de l'autre ce qu'elle à de plus et toutes les deux tendent à se mettre en équilibre.

La décharge du ⊗ d'une de ces ⊶ sur l'autre se fait ou en quantité considerable a la fois où successivement comme par ⊸.

Le premier cas se manifeste par une explosion capable de produire le phenoméne du Ψ et du son.

Le second cas produit les phénomenes de l' ✳ ✳ et de la ⊣⊢ apparente,

Dans l'un et l'autre cas les effets resultans de la décharge subite ou successive du mouvement s'appellent ⬭ ,

80. Ces effets observés dans la nature s'appellent ⬭ naturelle .

L ⬭ naturelle se manifeste dans les nuages d'une ⚡ inegale ou même entre les nuages et la ▲

81. Ces effets opérés par l'art s'appellent ⬭ artificielle Il y a ⬭ artificielle toutes les les fois que le ⊗ excité par le frottement dans un ☰ elastique se décharge sur un ☰ qui lui est exposé

82. Dans toute ⬭ on observe des ⟿ rentrans et sortans

De l' ⌂

83. Pour expliquer le phenomene de l' ⌂ il faut se ressouvenir ici de quelques principes cy devant établis ,

1° Que les ☰ sont entrainés les uns vers les autres par les ⟿ rentrans et sortans du ═ universel ;

2° Que par ce que tout est plein dans l'univers il n'y à pas de ⟿ rentrans sans ⟿ sortans ,

3° Que la celérité d'un ⟿ augmente en raison de l'etroitesse des ★ ,

4° Que la force d'un ⟿ est en raison composée de la célérité et de la direction des ↩ dont il est formé, c'est à dire que plus entre les ↩ qui le forment il y en à qui sont dans la même direction et plus le ⟿ à de force

84. Ces Principes reconnus ,

85. Un ☰ dans le quel on observe des ⟿ rentrans et sortans du ═ universel avec une force particuliere et determinée s'appelle ⌂

Dans un ⌂ la force des ⟿ se trouve determinée d'une maniere particuliere quand les ↩ qui le traversent obeissant à un meme ⊗ sont entrainés par la régularité des ★ qui les recoivent dans une même direction

Les points de l' ⌂ vers les quels sont entrainés les ↩ qui traversent l' ⌂ s'appellent ⚲ ,

Cette dénomination de ⚲ est fondée sur ce que tout ⌂ suspendu librement a un fil se place de maniere que l'une de ses extremités se trouve constamment dirigée au ⚲ et l'autre au ⚬—⚬ de la ▲ .

86. Comme les ⟿ à l'égard de leur direction sont ou rentrans ou sortans il n'y a aussi que deux sortes de ⚲ des ⚲ qui recoivent les ⟿ et des ⚲ qui les rendent ,

Fig: 55

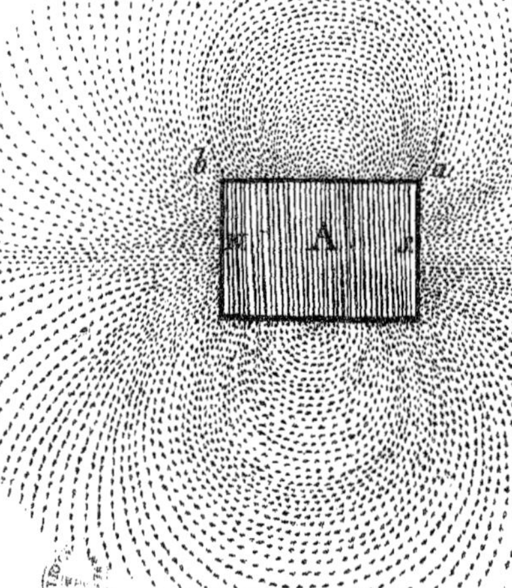

0 Chaque ♂ recoit et rend, mais chacun d'une maniere determinée, en consequence de la quantité de ⊗ à la quelle il obeit. l'un recoit avec plus de force qu'il ne rend l'autre rend avec plus de force qu'il ne recoit. on appellera ici l'un ♂ donnant et l'autre ♂ recevant.

7. On distingue deux sortes d'⌂. l'⌂ naturel, et l'⌂ artificiel.

L ⌂ naturel est un ⊟ qui s'est formé sous l'action du ⊗ general qui entraine le ⚌ universel d'un ♂ de la ▲ à l'autre, par l'effet de ce ⊗ extremement determiné les ★ de l'⌂ se sont distribués avec une regularité parfaite et ont recu dans une même direction le ⚌ qui les traverse.

L'⌂ artificiel est dans l'origine et avant que d'etre ⌂ un ⊟ dont les ★ ne sont pas reguliers mais qui est d'une telle structure qu'ils peuvent devenir reguliers si on l'expose a l'action determinée de l'⌂ naturel ou du ⚌ universel qui se meut d'un ♂ de la ▲ à l'autre par l'effet de l'action de l'⌂ ou du ⚌ universel sur un tel ⊟ ces ★ prennent une meme direction et l'on voit les ⋙→ entrants et sortants se réunir et s'etablir sur deux de ces points d'une maniere sensible

Il n'y à que le fer et les substances ferrugineuses qui soient susceptibles d'acquerir les propriétés de l'⌂.

Cela posé.

Si l'on tamise de la limaille de fer sur un ⌂, on remarque qu'elle s'arrange come dans (fig: 55.) C'est a dire qu'elle se distribue en deux ✲ ; ce qui prouve que le ⚌ au quel cette limaille de fer obeit en sortant et en rentrant dans l'⌂ se distribue lui même en deux ✲.

Si sur deux ⌂ présentés l'un à l'autre par leur ♂ •—• et •—• ╲• et ╲• on tamise de la limaille de fer, elle se distribue comme dans (fig: 56) c'est a dire que la distribution de la limaille est la même au tour de chaque ⌂ que s'ils n'etoient pas en presence l'un de l'autre; et si l'on approche ces deux ⌂ toujours par leurs ♂ ╲ et ╲ •—• et •—• on observe que la limaille qui est au tour de leurs ♂ se repousse, ce qui prouve que le ⚌ qui est autour de l'un repousse le ⚌ qui est autour de l'autre

Si l'on approche deux ⌂ l'un de l'autre par leurs ╲•, et •—•, •—• et ╲ et qu'on tamise de la limaille de fer sur tous les deux cette limaille s'arrange comme dans la fig: 57.) et les ⌂ s'attirent ce qui prouve que le ⚌ qui sort d'un s'élance dans l'autre et réciproquement

Fig: 56.

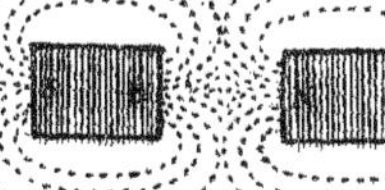

Fig: 57.

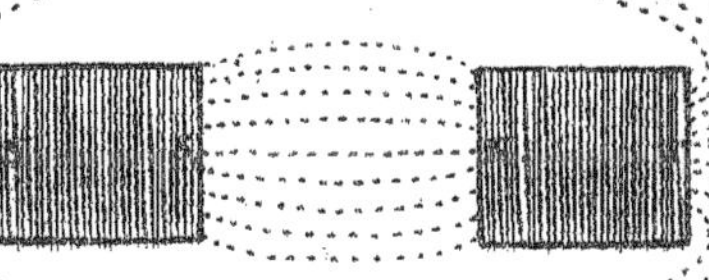

Si l'on approche un morceau de fer du ♂ ♀ ou du ♂ —• d'un ⌂, la limaille s'arrange comme dans la fig. (57) et par l'un ou l'autre ♂ indifferemment l'⌂ attire le fer. si l'on suspend un morceau de fer a l'::::libre dans la direction du ♀ au —•, le fer acquiert des ♂ et devient ⌂.

Dans tout ⌂ naturel ou artificiel il existe entre les ♂ un point qu'on appelle Equateur ou l'action du ✱ ne se fait pas sentir c'est à dire, ou les ⊟ ne sont ni attirés ni repoussés.

89 Il faut expliquer tous ces faits.

1º par ce que tout étant ● dans l'Univers il n'y a pas de ⟿ sortans sans ⟿ rentrans le ═ qui s'élance d'un ⌂ ne peut en sortir qu'il ne soit remplacé et si ce ═ à acquis a cause de l'etroitesse et de la régularité des ★ qu'il a traversés une grande rapidité il doit être remplacé dans l'⌂ aussi promptement qu'il en sort. donc il ne peut être remplacé qu'en ✺ et par la même ∞ qui le traverse. car la ᘓ (O) par exemple qui sort du ♂ —• de l'⌂ A, entre toutes les directions qu'elle peut prendre en sortant de l ⌂ A, doit choisir celle qui lui offre le moins de ▭, donc elle ira du point a, au point b, par ce que à mesure quelle sort du point a. le vuide tend à se faire au point b. et qu'entre plusieurs points donnés comme on le scait celui la offre le moins de ▭ ou le vuide tend à se faire.

2º on vient de dire que d'un côté un ⌂ recoit avec plus de force qu'il ne donne et que de l'autre il donne avec plus de force qu'il ne recoit et en consequence on à appellé l'un des ♂ de l'⌂ ♂ donnant et l'autre ♂ recevant, or il est évident que si vous opposés un ♂ recevant a un ♂ recevant, ou un ♂ donnant a un ♂ donnant le ═ qui traverse les ⌂ doit conserver au tour deux la même figure qu'auparavant car il n'y a aucune raison pour qu'il en change, il est evident encore que si vous approchés les deux ⌂ par leurs ♂ donnants ou par leurs ♂ recevans le ═ qui sort de ces ♂ doit se heurter, qu'il en resultera le phénomene de la ⊣⊢ ou de l'⊖⊖ en sens contraire, donc si vous appellés ♂ —• les ♂ qui donnent et ♂ ♀ les ♂ qui reçoivent, des ⌂ approchés par leurs ♂ —• ou par leurs ♂ ♀ se repousseront

3º D'apres l'explication du second fait, le troisieme n'offre aucune difficulté. on voit tout de suite que si on appoche deux ⌂ par leurs ♂ —• et ♀ ou par leurs ♂ ♀ et —•

on approche un ⚲ recevant d'un ⚲ donnant ou un ⚲ donnant d'un ⚲ recevant; que dès lors le ═ qui s'élance du ⚲ qui donne n'a pas besoin de retourner dans le même ⌂ au ⚲ qui reçoit puis qu'il rencontre plus près de lui dans un autre ⌂ un ⚲ qui reçoit; qu'il doit donc aller vers ce ⚲ qui est plus près de lui et réciproquement, et que de là doit resulter le phenomene de l' ★ ★ .

4°. Le fer est vraisemblablement un ⊟ qui comme l' ⌂ naturel a été composé sous l'action du ═ magnétique qui se meut d'un ⚲ de la ▲ à l'autre, mais qui à moins obéi à l'action de ce ═ que l' ⌂ naturel, en conséquence ses ★ sont plus irréguliers, les directions du ═ magnétique qui les traverse sont plus confuses et aucune ne prédomine assez pour y former des ⚲ sensibles, en conséquence aussi la structure de ces ★ est telle qu'ils peuvent être facilement redressés si on les soumet, d'une maniere forte et détermi-née, a l'action à la quelle ils ont obéi lors de leurs premiere formation .

Donc un morceau de fer exposé à l' ∴ libre dans la direction du ⚲ au ⚲ acquerra les pro-priétés de l' ⌂ .

Donc un morceau de fer présenté à un ⌂ sera indifferemment attiré par le ⚲ ou par le ⚲ de l' ⌂ par ce que lui même n'ayant aucun ⚲ suf-fisamment déterminé, reçoit ses ⚲ de l'action de l' ⌂ à la quelle il obéit .

On à déja vu que dans tous les points ou les ⋙→ rentrans n'ont pas plus de force que les ⋙→ sortans il y a équilibre et que la les ⊟ ne peuvent être n'y attirés ni repoussés, s'il y à donc un point appellé équateur dans chaque ⌂ ou l'ac-tion magnétique est nulle, c'est qu'en ce point les ⋙→ qui se rencontrent n'ont pas plus de force les uns que les autres et que ceux qui sortent ne prévalent pas sur ceux qui rentrent, et reci-proquement .

9o. Comme la loi qui produit les phénomenes de l' ⌂ est celle du ⊗ dans le ●, il faut regarder l' ⌂ comme le modele du ⊗ dans l'Univers .

Du ≋

en Général ou

De l' ● Universelle et réciproque de tous les êtres entr'eux .

1. Il faut parler ici du ≋ général entre les grands ⊟ Celestes, ou les ⊗ qui se meuvent dans l'espace, du ≋ particulier aux ☾ qui se meuvent au tour des ⊗ et surtout du ≋ par-ticulier à la ▲ du ≋ plus particulier aux ⊟ qui se meuvent ou qui existent sur la surface des ☾ .

et sur tout du ≋ entre les ⊟ qui se meuvent ou qui existe sur la sur face de la ▲.

Il faut dire ce que c'est que ce ≋ existant entre les grands comme entre les petits ⊟ comment en conséquence de ce ≋ tous les êtres influent les uns sur les autres et quelle est le produit de cette ●,

92. On se rappellera trois choses 1° que la ● ou la ╲ réciproque des ⊟ les uns vers les autres a pour cause les ⟿ du = universel dans lesquels tous les ⊟ sont plongés, 2° que la ● ou la ╲ reciproque entre les ⊟ célestes s'exerce par les ⟿ qui vont de l'un à l'autre et dans les quels ces ⊟ sont plongés. 3°. que plus un ⊟ aproche de son centre de ● et plus sa ▲ vers ce centre est considérable, que dés lors moins il est voisin de son ⊠ de ● et moins sa ▲ vers ce ⊠ est considérable.

93. Cela posé,

94. On a dit que la ╲ des ⊟ celestes est plus directe ou plus forte entre les parties de leurs surfaces qui se regardent, qu'entre les parties de leurs surfaces qui ne se regardent pas.

Donc la ● qui entraine les ⊟ pesans vers le ⊠ d'un ⊟ celeste est moindre entre les points de deux ⊟ celestes qui se regardent qu'entre les points de ces memes ⊟ qui ne se regardent pas.

Car soit les deux ⊟ celestes A. et B. qui se regardent (Fig: 58.)

Fig: 58

Il est evident que les points r. r r. du ⊟. A. et les points s. s. s. du ⊟ B sont d'autant moins entrainés vers les centres c et d aux quels ils appartiennent qu'ils sont plus entraines savoir les points r. r r. vers le ⊟ B et les points s. s. s. vers le ⊟. A.

95. On a dit que la ╲ mutuelle des ⊟ celestes s'exerce sur toutes les parties qui les constituent

Donc si entre deux ⊟ celestes la ● diminue aux points qui se regardent, elle doit diminuer aux points opposés; si dans les ⊟ A. et B la ● diminue aux points T. T. elle doit diminuer aussi aux points opposés O. O. (Fig: 59.)

Fig: 59.

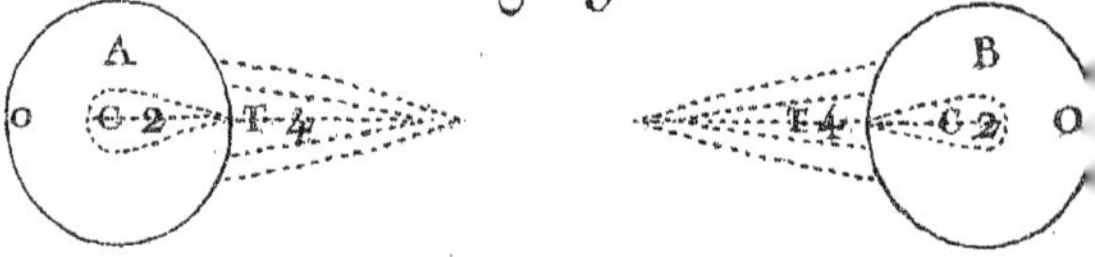

Car tous les points du ⊟ A. tendent vers le ⊟ B chacun en raison de l'eloignement ou ils se trouvent du ⊟ B. c'est a dire que plus ils sont voisins du ⊟ B. et plus ils tendent vers lui,

Donc si le point T tend ou est entrainé vers le ⊟ B, le ⊠ C. et le point O. tendent ou sont aussi entrainés vers le ⊟ B; mais le point T plus que le ⊠ C. et le ⊠ C. plus que le point O.

Or maintenant supposons que le point T. est entrainé vers le ⊟. B. de deux degrés de plus que le ⊠ C. et que le ⊠. C. est entrainé vers le ⊟. B.

le deux degrés de plus que le point O. la ▲
le T. vers B. etant comme 4 celle de C. vers B.
éra comme 2 et celle de O. vers B. sera comme O. (Zero)
Supposons en suite que la ▲ générale de tous
s points du ⊟ A. vers le ⊠. C. soit comme 6.
la ▲ des points T. et O. vers le ⊠. C. égalera
donc 6.
Dans cette Hypotèse il est evident 1º que le
⊠. C. étant entrainé vers le ⊟. B avec 2 de for=
ce de plus que le point. O. peut etre consideré
omme séloignant du point. O. de deux degrés.
Mais la ●. dans les ⊟ diminue en raison
le ce quils s'eloignent de leur ⊠. de ●.
Donc la ●. qui de O. vers C etoit comme 6.
ne sera plus que comme 6-2.
Il est évident 2º que le ⊠. C. etant entrainé
avec 2. de force vers le ⊟. B. sera entrainé
aussi avec 2. de force vers le point T. qui
est sur la ligne de son entrainement vers B.
le ⊠. C. peut donc etre consideré comme
plus voisin du point T. de 2. dégrés qu'aupar=
avant.
Mais la ●. dans les ⊟ augmente en raison
de ce quils approchent de leur ⊠. de ●.
Donc la ●. qui de T. vers C. étoit comme
sera comme 6+2 ou comme 8.
Mais si le ⊠ C. tend à s'approcher du po=
int T. avec 2 de force le point T entrainé par
le ⊟. B. tend à s'eloigner du ⊠ C. avec 4.
de force.
Dono la ●. qui du point T. vers C. vient d'e=
tre supposée comme 8. sera comme 8-4.
Mais 8-4. ou 4. qui exprime la ●. de T. vers
C. est egal à 6-2. ou 4. qui exprime la ●.
de O. vers C.
Donc la ●. ne peut diminuer au point T.
par leffet de laction du ⊟ celeste B. qu'elle ne
diminue de la meme maniere au point O. qui
est opposé au point T.
6. On à dit que les ⊟ vont toujours vers le
) qui leur offre le moins de ▭.
Donc à mesure et de la meme maniere que
la ●. diminue en deux points opposés d'un ⊟.
celeste, aux points T. et O. par exemple, elle au=
=mente aux points qui sont à égale distance des
points opposés aux points h. h par exemple (Fig: 60)
Pour mieux se faire entendre, soit dans le ⊟ A
le ═ T. H. O. H. qui s'etend et se distribue a é=
=gale distance du ⊠ C. vers lequel il est entrainé
Ce ═ ne s'etend et ne se distribue à égale
distance du ⊠ C. que parce quil est pressé vers
ce ⊠ par une force de ▲ semblable, dans tous les
points T. H. O. H. de sa circonférance.

Fig: 60

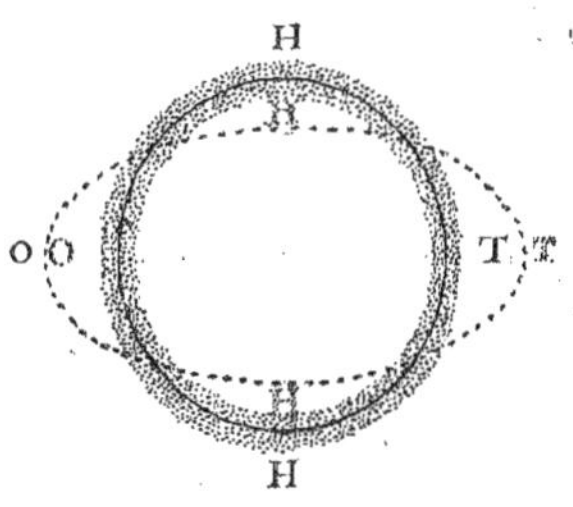

On supposera comme on vient de le faire, cette force de ☗ égale à 6

Les points T. H. O. H. peseront donc vers le ⊠. C. avec 6. de force.

Les points T. H. O. H. à cause de la pression des ═ en tout sens peseront donc reciproquement les uns vers les autres avec 6. de force

Maintenant si la force de ☗ qui est comme 6. diminue de 2. aux points T. O. et demeure toujours comme 6. aux points h. h. il arrivera,

Que le ═ existant en T. et O. s'éloignera de 2. degrés du ⊠. C. qu'en s'éloignant de 2. degrés du ⊠. C. il pesera moins de 2. degrés sur le ═ existant en h. h. qu'il resistera donc moins de 2. degrés au ═ existant en h. h.

Donc la ⊂⊃ qu' éprouve le ═ existant en h. h. Etant moindre de deux degrés, la force qui porte ce ═ vers le ⊠. C. augmentera de 2. degrés, donc le ═ existant en h. h. se raprochera de deux degrés du ⊠. C.

Mais plus les ⊟ approchent de leurs ⊠ de 💧 et plus leur 💧 augmente,

Donc à mesure et de la meme maniere que la 💧 diminue aux points T. O. par ce que ces points s'éloignent de leur ⊠ de 💧 elle augmente aux points T. H. par ce que ces points se rapprochent de leur ⊠ de 💧.

En termes d'Astronomie le point T. qui est entre le ⊠. C. et le ⊟. B. est appellé en ◄► avec le corps B. le point O. qui à le ⊠. C. entre le corps B. et lui est appellé en ►◄ avec le ⊟. B. et les points S. S. qui sont à égale distance des points T. et O. sont appellés en ◈

97. On à dit que les ⊟ celestes en tournant sur leur axe s'opposent toujours la moitie de leurs surfaces et que c'est sur leurs moitiés que se regardent que s'applique successivement et alternativement l'action des ⟿ qui allant de l'un à l'autre sont la cause de la 💧.

Donc si par l'effet du ⊗ imprimé à deux ⊟ celestes les points de leurs surfaces se regardent successivement et alternativement la 💧. de ces points vers leur ⊠. commun sera successivement et alternativement diminuée et augmentée

Car d'apres ce qu'on vient de voir il est evident (Fig: 61.) que lors que le point T. du ⊟ A. est en ◄► avec le ⊟ B. sa 💧. vers le ⊠ C. diminue, qu'elle augmente lors qu'il est en H. ou lors qu'il est en ◈ avec le ⊟ B. qu'elle diminue de nouveau lors qu'il est en O. ou lors qu'il est en ►◄ avec le ⊟ B. qu'elle augmente de nouveau.

Fig: 61

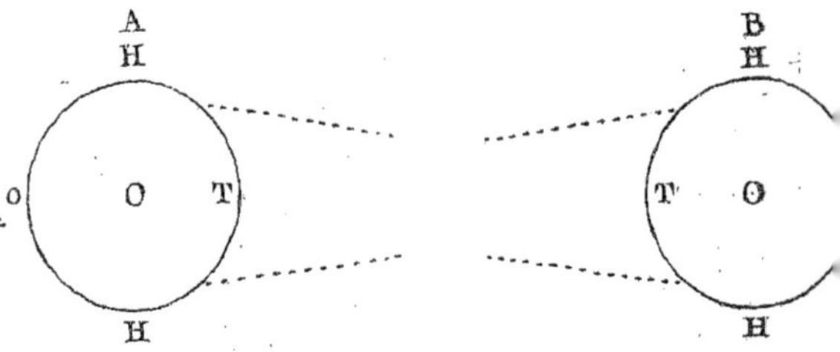

A H O O T H — B H T O H

ors qu'il est en h, ou lors qu'il est encore en ◈ avec le ⊟.B.

8. On a dit que la ⟍ des ⊟. celestes est plus ou moins forte en raison de leurs ⊶ et de leur distances

Donc dans un ⊟. celeste la ● diminuera aux points qui sont en ◂▸ ou en ▸◂ avec un autre ⊟. et augmentera aux points qui sont en ◈ avec cet autre ⊟. selon que la ⊶ de cet autre ⊟. sera considérable et que sa distance du ⊟. sur le quel il agit sera moindre.

Car si le ⊟.B se rapproche du ⊟.A. ou augmente de ⊶ il attirera davantage a lui toutes les parties du ⊟.A. donc aux points T.et O. qui sont en ◂▸ et en ▸◂ la ● diminuera et aux points H.H. qui sont en ◈ la ● augmentera, puisque comme on la vu, la ●. ne peut diminuer aux points T.et O. qu'elle n'augmente aux points H.H,

9. Il est donc démontré 1.° Qu'entre deux ⊟. qui agissent l'un sur l'autre la ●. diminue aux points de ces deux ⊟. qui sont en ◂▸. 2.° Que si la ●. diminue aux points en ◂▸. elle diminue dans la même raison aux points en ▸◂. 3.° Que si la ●. diminue aux points qui sont en ◂▸ et en ▸◂ elle augmente aux points qui sont en ◈. 4.° Que si les points de deux ⊟. Celestes sont successivement et alternativement en ◂▸ en ▸◂ et en ◈. leur ●. sera successivement et alternativement augmentée ou diminuée.

5.° Que cette augmentation ou diminution alternative et successive sera plus ou moins forte selon que ces ⊟. auront plus ou moins de ⊶ et que leur éloignement entre eux sera plus ou moins considérable.

10. Les effets alternatifs de la ●. entre deux ou plusieurs ⊟. à cause de leur ⊗ et en raison de l'éloignement où ils sont entr'eux constitue ce que nous avons appellé plus haut le ≋.

01. Il y a donc un ≋, entre tous les ⊟. qui se meuvent dans l'espace. Car tous les ⊟. agissent les uns sur les autres par l'effet des ⋙→ qui vont de l'un à l'autre et dont l'action se trouve renforcée où affoiblie selon que ces ⊟. se meuvent s'eloignent ou se rapprochent,

02. Il y a donc un ≋, entre tous les grands ⊟. entre tous les ☼ ou ⵈ qui se meuvent dans l'espace. les ✺ dont ces ⵈ sont les ⊠. selon qu'ils se meuvent entr eux qu'ils se rapprochent, qu'ils s'eloignent soyent donc

Fig: 62.

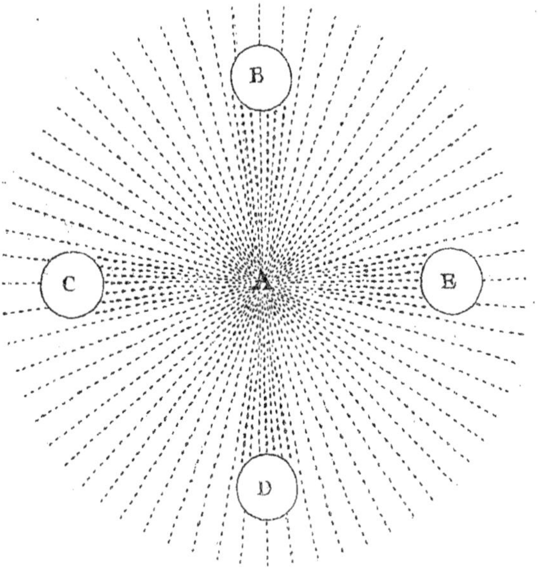

leur 🌢 plus ou moins diminuer, plus ou moins augmenter, dans les points de leur surface ou ils se trouvent en ◄► en ►◄ ou ⊙. notre ☼ solaire à donc un ≋ semblable à celui que nous observons sur la ▲.

103. Il y à donc un ≋ entre toutes les ☾ qui se meuvent au tour d'un ☼ entre ces ☾ et le ☼ au tour du quel elles se meuvent, et ce ≋ pour une ☾ est plus ou moins fort selon que le ☼ et les ☾ aux quelles elle obeit concourent ensemble pour le meme effet.

Soit le ☼ a. et les ☾ b. c. d. e. (Fig: 62.)

Il est évident 1º. que par ce qu'il existe des ⟿ rentrans et sortans entre le ☼ a. et les ☾ b. c. d. e. parceque ces ☾ ont un ⊗ de ○ sur elles meme et quelles presentent ainsi successivement et alternativement à leur ☼ tous les points de leur surface l'action successive et alternative du ☼ sur tous ces points doit successivement et alternativement augmenter ou diminuer leur 🌢.

Il est evident 2º. que par ce qu'il existe des ⟿ rentrans et sortans entre ces ☾ entre b. et c. par exemple (Fig: 63.) et encor par ce que b. et c. en se mouvant se présentent successivement et alternativement tous les points de leurs surfaces l'action réciproque de b. et c. doit successivement et alternativement diminuer et augmenter la 🌢 dans tous les points de leurs surfaces.

Il est evident 3º. que si le ☼ a. et la ☾ c. se trouvent reunis pour agir sur le point T. de la planette b. (Fig: 64.)

La 🌢 au point T. sera plus diminuée que si l'un de ses deux Astres agissoit seul ou si l'action d'un de ces Astres etoit opposée à l'action de l'autre; mais la 🌢 ne peut être plus diminuée au point T. qu'elle ne diminue plus dans la meme raison au point O. qu'elle n'augmente plus comme on l'a vu aux points h. h. le ≋ qui dans la ☾ b. n'est que l'augmentation ou la diminution successive et alternative de la 🌢 aux points T. H. O. H. sera donc d'autant plus augmenté ou diminué que le ☼ et les ☾ aux quelles la ☾ b. obeit concoirront ensemble ou ne concourront pas pour la meme action.

104. Il est aisé maintenant d'expliquer le ≋ observé sur la ▲.

La ▲ est environnée d'une ∞ = ▽ : : : et l'♈ qui éprouvent un deplacement ou un ≋ par l'effet de l'action des ☷ celestes qui agissent sur elle.

Deux ☷ celestes agissent d'une maniere sensible sur la ▲ le ☼ et la ☽ le ☼ beaucoup moins que la ☽ à cause de son grand elognement.

Fig: 63

Fig: 64.

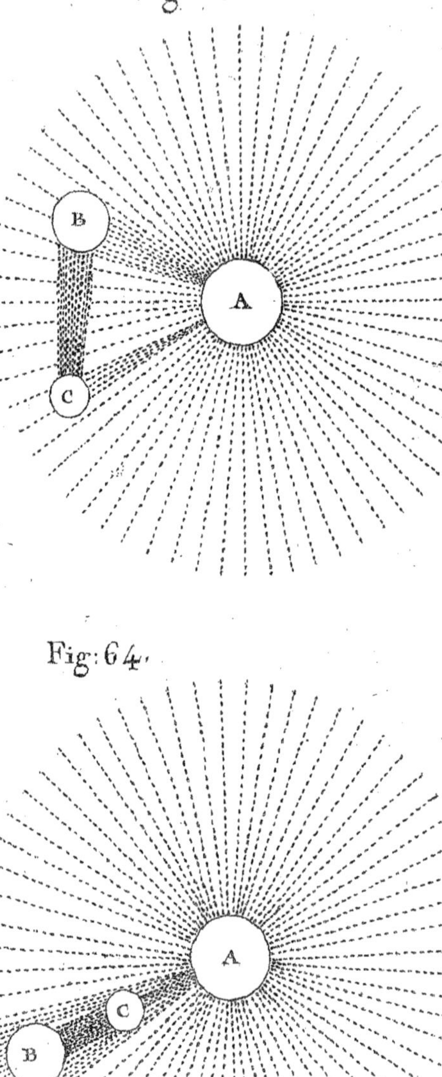

Nous n'appercevons pas l'action du ☉ et de la ◐ sur l'∷ par ce que plongés dans ce ═ il est impossible que nous en observions le ⊗ général.

Mais cette action est tres visible pour nous sur les ♈ de la mer.

Pendant six heures on les voit monter et s'étendre sur les rivages et c'est ce qu'on appelle ≘ pendant six heures on les voit descendre et s'éloigner des rivages et c'est ce qu'on appelle ≙

Dans l'espace d'une journée les ♈ de la mer s'élevent donc deux fois au dessus de leur niveau et s'abaissent donc deux fois au dessous.

On remarque de plus que les ♈ de la mer ne peuvent s'elever où s'abaisser dans un hémisphere qu'elles ne s'elevent ou ne s'abaissent aux points correspondans de l'hemisphere opposé.

Or soit la ♙ T. (Fig: 65.) et

La ◐ L. tournant au tour de la ♙ T. et les points a. b. c. d. Il est évident que par l'effet du mouvement de la ◐. chacun des points a. b. c. d. le point a. par exemple doit se trouver une fois en ◄►. une fois en ►◄ et deux fois en ⊙ avec la ◐. quand la ◐ est au dessus du point a. le point a. est en ◄► avec elle; quand la ◐ arrive au point b. le point a. est en ⊙ avec elle; quand la ◐ arrive au point c. le point a. est en ►◄ avec elle; quand la ◐ arrive au point d. le point a. est encore en ⊙ avec elle.

Mais quand le point a. est en ◄► ou en ►◄ avec la ◐. sa 🜄 vers le ⊠ de la ♙ diminue et les ♈ qui se trouvent en ce point s'éloignent du ⊠ de la ♙ et s'élevent.

Quand le point a. est en ⊙ avec la ◐. sa 🜄 vers le ⊠. de la ♙ augmente et les ♈ qui sont en ce point s'approchent du ⊠ de la ♙ et s'abaissent.

Or dans l'espace d'une journée le point a. est une fois en ◄► et une fois en ►◄ avec la ◐. dans l'espace d'une journée les ♈ de la Mer s'elevent donc deux fois au point a.

Dans l'espace d'une journée le point a. est deux fois en ⊙. avec la ◐. dans l'espace d'une journée les ♈ de la Mer s'abaissent donc deux fois au point a.

Ce qu'on dit du point a. on doit le dire des point b. c. d.

Par l'effet du ⊗. de la ◐. et de l'augmentation et de la diminution successive de la 🜄 que ce ⊗ produit. il est donc démontré que les ♈ de la Mer s'élevent et s'abaissent deux fois en un jour.

De plus comme on l'a vû la 🜄. ne peut diminuer au point a. qui est en ◄► avec la ◐. qu'elle ne diminue de la même maniere au point c.

Fig: 65

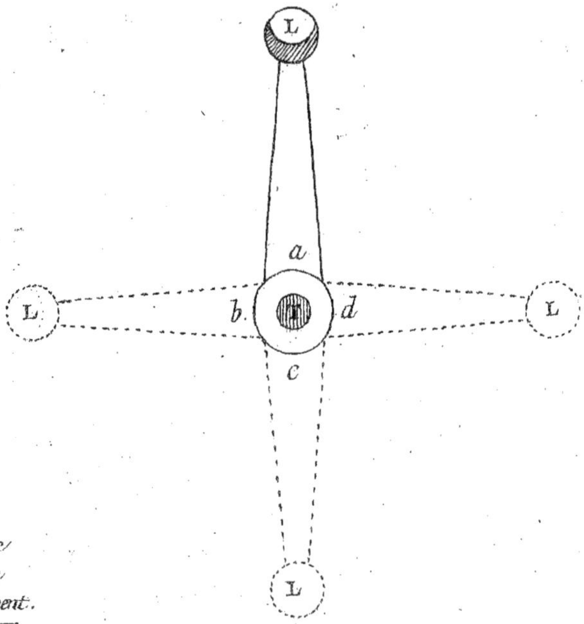

qui est en ☍ donc si les Υ s'elevent dans un hemisphere elles doivent s'élever dans l'autre.

De plus encor comme on la vû, la 💧 ne peut diminuer au point b qui est en □ avec la ☾, qu'elle n'augmente a l'autre point correspondant d qui est aussi en □ avec la ☾ donc si les Υ s'abaisent dans un hemisphere elles doivent aussi s'abaisser dans l'autre.

On n'a parlé que de l'action de la ☾ sur la terre, cette action se trouve ou augmentée ou affoiblie selon que le ☉ concourt avec la ☾, pour produire un effet, ou que l'un et l'autre agissant à part tendent a produire des effets differents.

Soit le ☉ S, la ☾ L et la ♁ T. (Fig: 66). la ☾ est en ☌ avec le ☉ quand tous les deux placés sur la meme ligne agissent sur le point a, de la ♁, la ☾ est en ☍ avec le ☉ quand tous les deux etant placés sur la meme ligne le ☉ agit sur le point a, et la ☾ sur le point c. la ☾ est en □ avec le ☉ quand le ☉ agissant sur les points a, ou c, la ☾ agit sur les points b ou d.

Or d'après ce qu'on a dit il est évident que lorsque la ☾ est en ☌ ou en ☍ avec le ☉ son action sur les points de la ♁ aux quels elle repond est augmentée, par ce qu'à lors les deux astres concourent en semble pour pro=duire le meme effet il est evident en suite que lorsque la ☾ est en □ avec le ☉ son action sur les points de la ♁ aux quels elle répond est diminuée par ce que le ☉ n'agissant pas sur les mêmes points ne tend pas a produire le même effet qu'elle.

De la les phénomenes observés dans les differentes lunaisons; aux nouvelles et pleines ☾ le ≋, ou les marées sont plus fortes que dans le premier et dans le dernier quartier de la ☾, par ce que dans le premier et dans le der=nier quartier, la ☾ est en □ avec le ☉ et que dans la nouvelle ☾ la ☾ est en ☌ et dans la pleine ☾ en ☍ avec le ☉.

Toujours d'après ce qu'on a dit on voit encor que selon que le ☉ et la ☾ sont proches ou éloi=gnés de la ♁ et selon les points où ils se trou=vent dans leur approximation où leur élougne=ment l'effet qu'ils produisent ou le ≋ doit être plus ou moins fort.

Ainsi dans les # les marées sont plus gran=des en général ou le ≋ est plus fort que dans les autres saisons de l'année, par ce que dans les # le ☉ est dans l'equateur, or par l'effet du ○ de ○ de la ♁, la 💧 est moindre sous l'equateur,

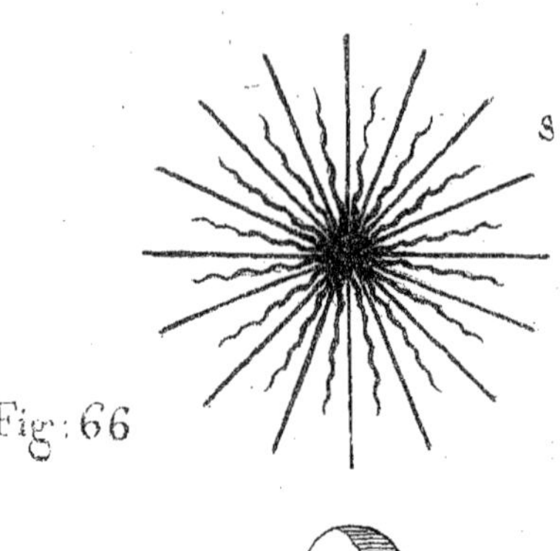

Fig: 66

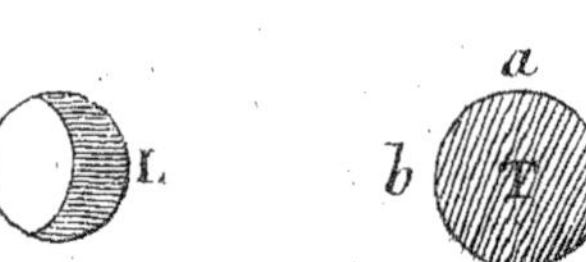

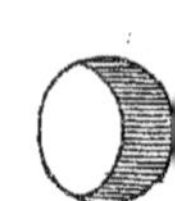

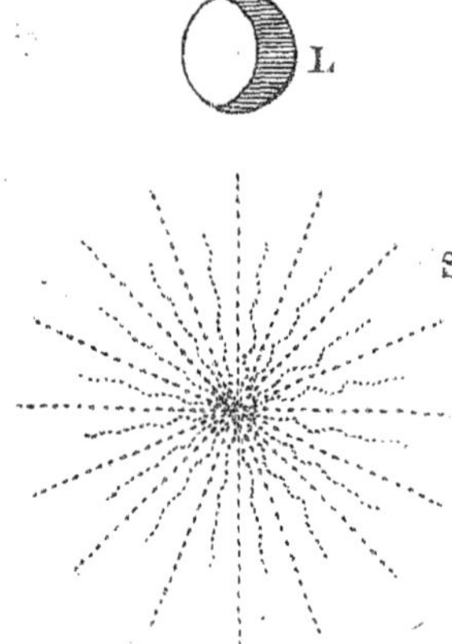

qu'en tout autre point du globe, les Υ: sous l'équateur opposent donc naturellement moins de à l'action du ; quand cet astre est dans l'equateur il doit donc elever davantage les Υ: de la mer et occasionner un plus considerable.

Il en est autrement dans les solstices, et cela par ce que le se trouvant à sa plus grande distance de l'equateur influe d'autant moins sur notre globe.

95. de meme qu'il y à un entre tous les entre toutes les C qui se meuvent dans l'espace, il y à aussi un entre tous les petits qui se meuvent ou qui existent sur une C, sur la surface de la par exemple Car entre les petits comme entre les grands il y a des rentrans et sortans qui vont de l'un à l'autre et qui entrainent ou font graviter les petits les uns vers les autres, or selon que les petits s'éloignent ou se rapprochent, les augmentent ou diminuent d'intensité par ce que leur convergence devient à lors plus ou moins grande, la des petits vers leur particulier devient donc alors plus ou moins considerable, tous les phénomenes existans entre les grands selon qu'ils s'eloignent ou s'approchent, qu'ils s'unissent pour produire un meme effet, ou qu'ils se divisent pour produire des effets opposés doivent donc se retrouver dans les petits comme dans les grands.

96. Les dans les grands et petits sont subordonnés les uns aux autres et reciproques entr eux (Fig: 67.)

Si le A agit sur le B, le B agit aussi sur le A chacun en raison de leur et de leur eloignement.

Si le A agit sur le B il agit aussi sur les C a, b, c, d, et sur les êtres d, d, qui se meuvent sur la C. a. et reciproquement les C a, b, c, d, et les êtres d. d. qui se meuvent sur la C. a. réagissent sur le B. qui réagit sur le A.

Si la C. b. agit sur la C. a. elle agit aussi sur les êtres d, d, qui se meuvent sur la C. a. et la C. a. et les êtres d. d. qui se meuvent sur la C. a. réagissent à leur tour sur la C b. qui réagit sur le B. qui réagit sur le A. &c. &c.

97. Ces généraux particuliers et individuels constituent l' universelle et réciproque de tous les êtres entr'eux.

98. Cette selon qu'elle augmente ou diminue augmente ou diminue les propriétés de tous les êtres

Fig: 67.

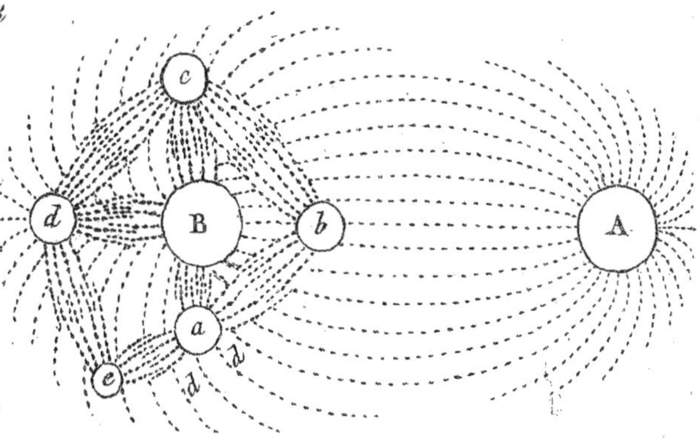

Il faut se rappeller que les Propriétés de tous les Êtres sont le résultat des combinaisons de la ∞, et que ces combinaisons sont le produit du ⊗.

Il faut se rappeller encor que le ⊗ se distribue dans l'Univers par les ⋙→ rentrans et sortans.

Il faut se rappeller enfin que la [symbol] est l'effet des ⋙→ rentrans et sortans.

Ces propositions établies la conséquence immédiate qui en resulte, c'est que la [symbol] est la cause de toutes les propriétés de la ∞.

Car d'une part la [symbol] étant l'effet des ⋙→ rentrans et sortans, ou pour parler plus exactement n'étant que l'action des ⋙→ rentrans et sortans, et d'autre part les propriétés de la ∞ étant le produit du ⊗, qui ne se distribue que par les ⋙→ rentrans et sortans, il est bien évident que la [symbol] est la cause des propriétés de la ∞.

Donc tout ce qui change ou modifie les causes de la [symbol] change ou modifie les propriétés de la ∞.

Donc tout ce qui change les causes de la [symbol] en plus augmente les propriétés de la ∞, tout ce qui change les causes de la [symbol] en moins diminue les propriétés de la ∞.

Donc les divers [symbol], selon qu'ils ont plus ou moins d'intensité augmentent ou diminuent les propriétés de la ∞, la X, l'[symbol], la [symbol], le [symbol], l'[symbol] des [symbol], la vertu attractive ou repulsive de l'[symbol].

Dans le [symbol] les propriétés de la ∞ augmentent, dans le [symbol] elles diminuent.

Dans le [symbol] la X, qui unit les parties d'un [symbol] est plus X, dans le [symbol] la X est moins X.

L'augmentation des propriétés de la ∞ s'appelle [symbol]; la diminution des propriétés de la ∞ s'appelle [symbol].

Il n'y a pas d'[symbol] sans [symbol] dans les propriétés des [symbol], car tout est [symbol] dans la Nature.

Fin
de la
SECONDE PARTIE

TROISIEME PARTIE

SOMMAIRE

On parlera dans cette Troisieme Partie de L' Λ .

On dira quels sont les Principes qui le Constituent et comment il se Forme

On dira comment il s'Entretient et se Repare .

On dira comment il convient de le Développer .

En parlant des Principes qui Constituent L' Λ et qui concourent à sa Formation. on développera les Causes de sa Naissance, on Déterminera ce qu'il faut appeller en lui le Principe de la [signe] on fera remarquer comment ce Principe est subordonné à l'Action des [signe] Celestes, de la [signe], et des [signe] Particuliers; cette Subordination qu'on appellera [signe] expliquée, on Exposera la Maniere dont se Distribue dans les [signe] de L' Λ le Principe de la [signe]; on fera Observer par l'Effet de cette Distribution l'Analogie du [signe] de L' Λ avec L' [signe], les Propriétés qui Résultent de cette Analogie; Comment ainsi que L' [signe], le [signe] Humain à des [signe], quel est l'Usage de ces [signe] et comment il est Facile d'en Etendre l'Usage .

En parlant de la Maniere dont l' Λ s'Entretient et se Répare, on dira ce qu'est en lui la [signe], ce qu'est la [signe] ce qu'est la [signe], ce qu'est la [signe], comment par l'Application du [signe] on peut faire Cesser la [signe] .

En parlant de la Maniere dont il convient de Devellopper l' Λ , on Expliquera comment il Recoit des [signe] de la [signe] des quelles Resultent en suite des [signe], ce que c'est en lui que cet [signe] qui le Porte à Sentir tout ce qui est Propre ou tout ce qui peut Nuire à son Existence, et l'on finira par Determiner les Principes Phisiques de son [signe].

---

9 Il n'y à dans l' Λ phisique comme dans le reste de la Nature que deux Principes la ∞ et le ⊗.

L'ensemble de ∞ qui Constitue l' Λ peut être Augmenté où Diminué.

Le ⊗ Qui dans L'Λ modifie la ∞ peut être aussi augmenté où diminué.

Pour que L'Λ se Conserve, la diminu-tion de la ∞ en lui doit être reparée.

Pour que L'Λ se conserve la diminution du ⊗ en lui doit être reparée

La Diminution de la ∞ est réparée dans L'Λ de la ⊶ génerale de la ∞ moyennant les Alimens.

La Diminution du ⊗ est réparée dans L'Λ de la Somme generale du ⊗ moyen-nant le Sommeil

110. Dans l'Etat de Sommeil, L'Λ agit comme une machine dont les princi-pes de ⊗ sont internes, alors, l'exerci-ce et les Fonctions d'une partie consi-derable de son Etre sont suspendues pour un tems.

Durant cet intervalle de tems, la quan-tite de ⊗ que L'Λ à Perdu pendant la veille se Repare par l'effet de l'Action des ⟿ universels dans les quels il est placé.

L'Λ Obeit à deux ⟿ universels, au ⟿ de la ♁ qui l'attache à la ⛰ où qui le fait graviter vers la ⛰ et au ⟿ Magnétique qui va d'un ⚲ de la ⛰ à l'autre.

Dans l'Etat de Sommeit, L'Λ Recoit et Rassemble de la ⊶ des ⟿ universels, une certaine quantité de ⊗, comme dans un reservoir; quand le Reservoir est plein il s'éveille, ainsi la plenitude du reservoir détermine la Veille,

111. L'Existence de L'Λ commence dans le Sommeil, la portion de ⊗ qu'il Recoit proportionnée à sa ⊶ est employée toute entiere à la Formation et au De-veloppement de ses ⊲⊃. à mesure que son Reservoir se remplit, il se vuide donc pour cette Formation et ce Devellopement.

Si-tot que la Formation de L'Λ est a-chevée les choses changent; une portion du ⊗ qu'il Recoit devient inutile. Par l'Effet de cette Surabondance de ⊗ il s'eveille et fait sur sa Mere des ⌒ assez puissans pour qu'elle le mette au jour, ainsi s'opere le Phenomene de sa Naissance.

112. La Portion du ⊗ Universel que L'Λ re-coit dans son origine se modifie dans le ☾ ou elle est admise; en se modi-fiant elle devient ∼○∼, c'est à dire,

comme on la vu, qu'elle prend un ɥ de ⊗ particulier qu'elle n'avoit pas auparavant.

Devenue ⁓o⁓ Cette portion de ⊗ détermine d'une maniere particuliere la Formation et le Devellopement des ♀ dans L'∧.

Les ♀ dans L'∧ Sont les Parties Constitutives organiques qui preparent et assimilent toutes nos Humeurs et qui en determinant leur ⊗ en operent les Secretions et les Excretions.

La Portion du ⊗ universel qui devient ⁓o⁓ dans L'∧ au moment de sa Formation est le Principe de la ♆.

Ce Principe entretient et rectifie les fonctions des ♀.

Ce Principe étant une partie du ═ universel obeit necessairement aux Loix Communes d'apres les quels se meut le ═ universel.

Il est donc Soumis à toutes les Impressions des ▤ celestes, de la ▲ et des ▤ particuliers à peu près comme le bras d'un fleuve obeit à toutes les impressions, à tous les ⊗ du fleuve au quel il appartient.

La Faculté qui dans L'∧ le rend susceptible de recevoir les Impressions de l'○ des ▤ celestes, de la ▲ et des ▤ particuliers est ce qu'on appelle ╥*╥.

13. L'∧ est pénétré de toute part par les divers ⋙→ aux quels il obeit, par les ⋙→ universels de la ●, et du ═ Magnetique et par les ⋙→ particuliers qui s'élancent vers lui de tous les ▤ qui l'environment.

Ces ⋙→ universels et particuliers se modifient differemment dans L'∧ suivant la Nature des ★ qu'ils traversent; c'est à dire qu'ils acquierent divers ɥ de ⊗ suivant les diverses ⟨ des Parties Constitutives dans les quelles ils sont reçus.

Le ═ qui Constitue les ⋙→ suit la continuité du ▤ de L'∧ jusques vers ses Parties les plus éminentes ou ses extrémités.

Dans ces extremités les ⋙→ sortent et rentrent.

Dans ces extremités les ⋙→ acquierent une grande Celerité car ils sont pour ainsi dire resserrés en un point et

4 l'on scait que plus un ⟿ est res=
=serré et plus il devient rapide .
Tous les ⊟ dont la forme se termi=
=ne en Pointe ou en Angle sont
propres à recevoir les ⟿ ∿○∿
et à en devenir conducteurs .
Il faut regarder les conducteurs
des ⟿ ∿○∿ comme des Canaux
qui servent à leur Introduction ou à
leur Ecoulement .
On appelle •⁄° les points d'introduc-
-tion ou d'écoulement des ⟿ ∿○∿
à cause de l'Analogie de ces points
avec les points appellés •⁄° dans l'⌂.

114. Les •⁄° dans le ⊟ humain se com=
=muniquent, se détruisent, se propagent
se renforcent comme dans l'⌂ .
Les •⁄° dans le ⊟ humain se com
-muniquent, si on leur presente un
⊟ capable de recevoir les ⟿ qui
en sortent et de les leur restituer .
Les •⁄° dans le ⊟ humain se dé-
-truisent, Si à un •⁄° recevant du
⊟ humain on oppose un •⁄° rece=
=vant d'un autre ⊟, ou si on oppose
un •⁄° donnant à un •⁄° donnant .
Les •⁄° dans le ⊟ humain se pro=
=pagent ou plus exactement les ⟿
∿○∿ qui sortent des •⁄° du ⊟ hu=
=main se propagent et cela de trois
manieres .
1º Par la Continuité des ═ tels que
l'::::: l' ⊥ la ◎ les oscillations du
Son .
2º Par la continuité des ⫯ c'est à dire
par la continuité des ⊟ ■ arrangés
de façon qu'ils deviennent propres
à recevoir le ═ qui sort du ⊟ hu=
=main et à le lui restituer ,
3º Par la ϟ ; les ⟿ ∿○∿ peuvent
être refléchis par les glaces et par
toutes les Surfaces polies comme
la ◎
Les •⁄° dans le ⊟ humain se ren=
=forcent, c'est à dire toujours, les ⟿
∿○∿ qui sortent des •⁄° du ⊟ hu=
=main se renforcent et cela de cinq
manieres ,
1º Par toutes les causes d'un ⊗ com=
=mun tels sont les ⊗ Intestins et
locaux, le Son , le Bruit, le Vent le
frottement electrique .

2°. Par les ▤ qui comme l'⌂ sont déja doués d'un ⊗ déterminé et par les ▤ animés qui ont aussi leur ⊗ propre et déterminé.

3°. Par leur Communication avec des ▤ ▮ dans les quels ils peuvent être accumulés, et concentrés comme dans un reservoir pour être en suite distribués à volonté dans toutes sortes de directions.

4°. Par la multiplication des ▤ aux quels ils communiquent; le Principe du ⩚ n'etant pas une substance mais une modification; Son Effet augmente comme celui du ≈ en raison de sa Communication.

5°. Par leur Concours avec le ➳ magnétique du Monde, le ➳ magnétique du monde ayant une Action déterminée doit Renforcer tous les ➳ particuliers qui entrent dans le ▤ humain ou qui en sortent, S'il se trouve concourir avec eux.

115. Les ➳ qui en Traversant les ✶ du ▤ humain ou ses Parties Organiques Constitutives ont acquis un ⚲ de ⊗, gardent ce ⚲ de ⊗ et se communiquent ou se propagent avec ce ⚲ de ⊗ en raison de la succession ou de la continuité des ▤ qui leur sont presentés, à peu près comme l'∷∷∷ apres avoir traversé un tuyau de flute garde sa qualité de Son et se communique et se propage avec sa qualité de Son en raison des milieux qu'il traverse ou des Surfaces qui le réfléchissent.

116. Comme dans l'⌂, il ne peut exister un ⚯ dans le ▤ humain, sans que le ⚯ opposé ne s'etablisse ou ce qui est la même chose, il ne peut exister un ⚯ recevant, sans que le ⚯ rendant ne s'etablisse.

117. Comme dans l'⌂ et par la même raison, dans le ▤ humain entre deux ⚯ donnés il y à un equateur c'est à dire un point ou aucun effet magnétique n'est produit.

118. On à dit que la ♡ de l'⋀ est une portion du ⊗ universel qui par son introduction dans le ☾ organique de l'⋀ devient ∽∽

6 La ♈ de L'Λ. Commence donc par le ⊗ elle finit donc par le —. L'Abolition entiere du ⊗⸻ est la ▲.

119. De même que dans la Nature le ⊗ est la Source des ⊂⊃ et du — de la ∞, de même aussi dans l'Λ le Prin=cipe de la ♈ devient la Cause de la ▲.

La Formation et le Développement du ∥ dépendent des Relations diverses et successives entre le ⊗ et le —.

La Quantité du ⊗ et du — étant déterminée le Nombre des Relations possibles entre l'un et l'autre est aussi déterminé.

La Distance entre deux Termes où Points donnés peut être considerée comme representant la Durée de la ♈. (Fig:

L'un de ces Termes où Points est le ⊗, l'autre le —, la Progression suc=cessive des diverses Proportions de l'un et de l'autre Constitue la Marche et la Révolution de la ♈.

En Partant du ⊗ vers le — on arri=ve au Point de leur équilibre qui est l'Ascension de la ♈.

Ce Point passé, on commence à Mourir

Où le Rapport dans le quel se fait la Progression des diverses Modifications entre le ⊗ et le — est constamment le même où il Varie.

Dans le Premier Cas L'Λ parcourt la Progression de la ♈, sans que l'Ordre des Proportions qui la com=posent soit Troublé, et alors, il Existe dans un Etat de ♁ parfaite et par=vient à son Terme sans Maladie.

Dans le Second Cas, l'Ordre des Pro=portions qui composent la Progressi=on de la ♈ est Troublé et avec ce trouble la ⊸ Commence.

La ⊸ n'est donc autre chose qu'=une Perturbation dans la Progressi=on du ⊗ et de la ♈.

120. Cette Perturbation peut être considé=rée comme existante dans les ╪ où dans les ═

Si elle Existe dans les ╪ elle déran=ge l'Harmonie des Propriétés des Parties Organiques en diminuant les unes et en augmentant les autres.

Fig:

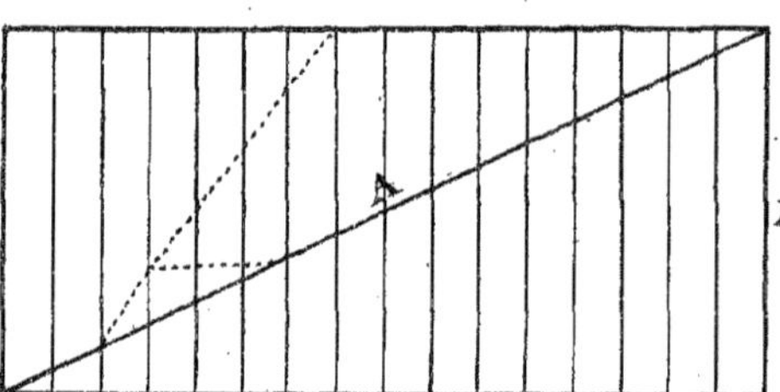

Si elle Existe dans les [symbole] elle trou=ble leur ⊗ local et intestin.

L'Arberration du ⊗ dans les [symbole] en al=terant leur Propriétés trouble les fonc=tions des [symbole] et les differentes Elabo=rations qui doivent s'y faire.

L'Aberation du ⊗ intestin des Hu=meurs produit leur dégénération.

L'Aberation du ⊗ local produit [symbole] où [symbole].

L' [symbole] est produite par le ralentisse=ment où l'Abolition du ⊗.

La [symbole] est produite par son Accélération.

La Perfection des [symbole] où des [symbole] con=siste dans l'Harmonie de toutes leurs Propriétés et dans l'Harmonie de leurs Fonctions resultante de l'Harmonie de leurs Propriétés, la qualité des [symbole] et leur ⊗ intestin et local sont le Resul=tat des fonctions des [symbole].

Pour Parvenir à Retablir l'Harmonie générale du [symbole] il ne faut donc que rec=tifier les Fonctions des [symbole] car leurs Fonctions une fois Rectifiées, ils doi=vent être tels qu'ils Assimileront tout ce qui peut l'être et Sépareront tout ce qui ne peut être Assimilé.

L' [symbole] de la Nature où des [symbole] sur les Humeurs s'appelle Crise.

Aucune [symbole] ne peut être Guerie sans une Crise.

Dans toute Crise, on distingue Trois Etats, la Perturbation, la Coction, l'Eva=cuation.

2. La [symbole] étant l'Aberration de l'Harmo=nie Générale du [symbole] humain, cette Aber=ration peut être plus où moins con=siderable et produire des Effets plus où moins Sensibles.

Ces Effets sont appellés [symbole].

Si ces Effets sont produits par la Cause de la [symbole], on les appelle [symbole] [symbole].

Si au contraire ces Effets sont des [symbole] de la Nature contre les causes de la [symbole] et qu'ils tendent à la détruire on les appelle [symbole] critiques.

Il est de la derniere importance de bien distinguer dans la Pratique ces deux Especes de [symbole] afin de pre=venir où d'arrêter les uns et de favo=riser les autres.

122. Par ce que toutes les Causes des ⊸ dérangent et denaturent plus ou moins les Proportions necessaires entre la ∞ et le ⊗ des ⚲ elles produisent par leurs differentes applications une ⌓ ou perturbation plus où moins distincte dans les Propriétés de la ∞ et des ⊏.

Pour Remédier aux Eff[illegible] de la ⌓ et de la Perturbation et [illegible] dé=striure il faut donc [illegible] c'est à dire augmenter [illegible], l'⊸. la ⚌ et le ⊗

On augmente l'⌓ des Propriétés dans L'⋀ par l'application du ⊓⊓ c'est à dire en augmentant et en particula=risant sur lui L'° des ⊟ avec les quels il Correspond

123. Un ⊟ étant en Harmonie est in=sensible à l'Effet du ⊓⊓, par ce que l'Application d'un Action uniforme et générale ne peut rien Changer à des Proportions exactes et déja conformes à cette même Harmonie.

Si au contraire un ⊟ n'est pas en Harmonie, c'est à dire si les Propor=tions dans les quelles doit se faire en lui la Progression de la ∀ sont Troublées il devient Sensible à l'Appliqation du ⊓⊓ par ce que cette Aplication augmente en lui la Dissonance qu'il éprouvoit au-par-avant à peu pres comme le deffaut de proportion entre plusieurs nombres où quantités, se trouve aug=menté quand on les multiplié par un même Nombre où une même quantité.

124. Dapres ces Principes, Il est aisé de concevoir que les Malades en se rap=prochant de leur Guérison doivent devenir graduellement insensibles au ⊓⊓ et cette insensibilitte absolue Cons=titue la Guérison parfaite.

Il Suit encore des mêmes Principes que l'Application du ⊓⊓ doit souvent augmenter les douleurs, que son Action fait Cesser et Diminuer les ⚲ ⚲ et que les ⌓ de la Nature contre les Causes de la ⊸ etant augmentés il est de nécéssité absolue que les ⚲ critiques augmentent dans les memes proportions,

C'est par l'exacte Observation des Ef=
=fets dont on parle ici qu'on parvient
à bien distinguer les 🝖.

Le Developpement de la [symbol] se fait
dans un ordre inverse de celui dans
le quel la [symbol] s'est formée.

On pourroit dire que la [symbol] est une
sorte de peloton qui se dévide exac=
-tement comme il s'est acru et com=
=me il à commencé.

25. Après avoir expliqué comment L'Λ
Nait, comment il se Conserve, com=
=ment il se Déprave, comment il se
Repare, il faut finir par dire quelque
chose des Regles dapres les quelles
son organisation doit être dévelop=
=pée pour se maintenir dans un
Etat d'Harmonie parfaite.

26. Tout ▤ qui agit sur un autre ▤ y
produit un ⊗

Si ce ⊗ est produit dans un ▤ [symbol]
il s'appelle ▼

Des ▼ reçues resultent dans le ▤
[symbol] les ꓘ

Les ꓘ nous avertissent du Change=
=ment que produit en nous une ▼
reçüe, elles sont l'Apperçu de la diffe=
-rence qui existe entre l'Etat anterieur
de l'Etre [symbol] et son état actuel.

Il y à autant de ꓘ possibles qu'il
y à de différences possibles.

Entre plusieurs ▼ reçues dans le
même temps, il y en à toujours une
qui prédomine, celle la produit la ꓘ

Les ꓘ peuvent se Comparer se
Combiner et de leur Comparaison où
CƆ résulte ce qu'on appelle [symbol].

L'[symbol] est l'Apperçu de la difference
entre plusieurs ꓘ reçues.

Les [symbol] peuvent se Comparer se com=
=biner et de leur Comparaison où CƆ
resulte ce qu'on appelle ϟ.

La ϟ est l'Apperçu de la difference
entre plusieurs [symbol]

27. Les [symbol] qui nous servent à apper=
=cevoir les differences des ▼ que
nous recevons sont appellés [symbol].

Les Parties Constitutives et Principales
de ces [symbol] dans les Animaux sont les
Nerfs qui en plus ou moins grande quan-
-tité sont plus ou moins exposés à être
affectés par les differens ordres de la ∞.

Indépendamment des [symbole] connus nous avons encore differens [symbole] pro=pres à recevoir des [symbole] nous ne nous doutons pas de leur existance à cau=se de l'habitude prédominante où nous sommes de nous servir des [symbole] connus qui sont plus détermi=nés, et que des [symbole] fortes absorbant des [symbole] plus délicates, il ne nous est guerre possible de les appercevoir.

128. Nous ne Sentons pas les Objets tels qu'ils sont, mais seulement leurs [symbole] ou leurs effets sur nos [symbole].

129. Nos [symbole] ne peuvent donc pas nous faire Connoitre la Vérité des objets mais simplement leurs Raports avec nous, et ces Raports, ils nous les fe=ront Connoitre d'autant mieux que nous en ferons une application plus combinée et plus réflechie

130. Les [symbole] de nos [symbole] communiquent avec un [symbole] interne le quel est lui même en relation avec l'Ensemble de l'Univers. C'est probablement à ce [symbole] interne qu'aboutissent toutes les [symbole] que nous recevons. C'est probable=ment par le moyen de ce [symbole] qui unit tout les autres que s'operent en nous la [symbole] et la Pensée.

131. Le [symbole] interne dont nous parlons é=tant supposé existant, on concoit la possibilité des pressentimens.

S'il est possible d'etre affecté de ma=niere à avoir l'[symbole] d'un Etre à une distance infinie, ainsi que nous vo=yons les [symbole] dont l'[symbole] nous est trans=mise en ligne directe par la Successi=on d'une ∞ coéxistante entre elles et nos [symbole], pour quoi ne seroit-il pas possible que nous fussions affectés par des Etres dont le ⊗ successif est propagé jusqu'à nous en Ligne courbe où oblique dans une direction quelconque? pour quoi ne serions nous pas également affectés par l'en=chainement des Etres qui se succe=dent? le ⊗ imprimé au [symbole] universel par ces Etres, Pour quoi ne retentiroit il pas jusqu'à notre [symbole] interne et ne nous avertiroit il pas de ce qui se passe loin de nous où de se qui doit arriver dans un époque plus ou moins reculée.

2. De l'Exercice de notre ◠ Interne resulte l'♈.

3. On appelle ♈. La Faculté de Sentir dans l'Harmonie universelle les Rapports que les Etres et les Evenemens ont avec la Conservation de chaque Individu.

Tous les Animaux sont doués de cette Faculté.

Cette Faculté s'Exerce plus où moins en raison des ▼ que recoit notre ◠ interne et les ▼ que recoit notre ◠ interne sont plus où moins fortes en raison de ce quelles Interessent plus où moins notre Conversation.

La Vüe est un ◠ par le quel nous pouvons appercevoir les raports que les Etres Coexistans ont entre eux ainsi que les Raports qu'ils ont avec nous et leur Action avant qu'il ne nous touchent immediatement.

Ce que la Grandeur et la Distance des Objets sont à la Vüe, le Raport que les ▼ que nous recevons ont avec notre conservation l'est à l'♈ c'est à dire que plus ces ▼ Interessent notre Conservation, et plus notre Instinct est fortement Ebranlé.

L'♈ est un Effet de l'Harmonie universelle, un Effet invariable et déterminé de l'Ordre de la Nature sur chaque Individu, il est une Regle sure des Actions et des ⋈ considérées dans leurs Rapports avec la Conservation de notre Etre. Pour bien jouir de cette faculté, il faut la Cultiver et entretenir sa Sensibilité directrice.

4. Cela Posé, il est aisé de concevoir daprès quels Principes L'Λ doit être développé.

L'Λ est de l'espece des Animaux qui sont destinés à vivre en Société.

On peut le considerer sous deux Points de Vue où comme Existant Individuellement où comme Constituant une Partie de la Société.

5. Le Developpement des Facultés de l'Λ et la Formation de ces Habitudes sous ces deux Rapports est ce qu'on appelle □.

La Regle de l'◫ est la Perfection des Facultés de L'Λ et l'Harmonie de ses Habitudes avec l'Harmonie de la Société dans la quelle il est placé.

Par le mot Societé il ne faut pas entendre la Société telle qu'elle existe maintenant, et qui varie dans les Principes qui la Constituent suivant les Lieux, les Coutumes, les Préjugés mais la Société telle quelle doit être, la Société Naturelle, celle qui résulte des Rapports que notre ⊢< bien ordonnée doit produire.

136. L'◫ de L'Λ commence avec son Existance

Des ce Moment, L'Λ expose ses Organes aux Impressions des Objets exterieurs, et deployé et exerce Successivement tous les ⊗ dont ses Membres sont susceptibles.

La Perfection des ⊸ de L'Λ consiste dans la Sensibilité.

Dans la Susceptibilité de toutes les ⊂⊃ possibles de leurs Usages.

La Perfection des ⊗ de L'Λ Consiste.

Dans la Facilite,

Dans la Justesse des Directions,

Dans la Force,

Dans l'Equilibre,

137. L'Λ se Developpe comme l'Arbre croit, son Developpement n'est qu'une [symbole]

Deux Arbres de la même espece ne croissent pas de la même maniere, leur [symbole] se fait en raison de la Particularité de leur ⊢<

Deux Individus de la même espece ne doivent donc pas être Elevés de la même Maniere, leur Education ou plus Exactement peut être leur [symbole] doit être differente par-ce-que leur ⊢< est Particuliere

138. La Régle de la Perfection de l'◫ où de la [symbole] de l'Λ est dans l'⊢< particuliere de chaque Individu.

En Conséquence de son ⊢< particuliere chaque Individu est Soumis d'une Maniere différente à l'action du ⊗ Universel et aux °o Générales et Particulieres des Etres qui Coexistent avec lui.

Chaque Individu recevra donc l'◫ qui lui convient, s'il est abandonné à l'action du ⊗ universel et aux °o Générales et Particulieres des Etres qui Coéxistent avec lui, où si rien ne contrarie et cette Action et cette °o.

Il Végéttera avec toute la Vigueur qui est propre à son ⊢< comme l'Arbre dont on n'a pas Fatigué le Developpement

9. Ce qu'il y à donc de plus Essentiel à faire dans l'◫, c'est de garantir l'Λ de tous les Obstacles qui peuvent troubler sa ❦ où le Développement de ses Facultés, c'est de placer l'Enfant dans une Situation ou il ait la Liberté entiere de faire tous les ⌒ et tous les Essais possibles.

Comme dans la Nature les grands ⊗ Enveloppent Rectifient et Dirigent les ⊗ particuliers, Il faut de bonne heure Accoutumer l'Enfant à Embrasser de Grands Objets dans ses ⟶ tels que les Montagnes, les Rivieres et Diriger sa Contemplation vers les grands Phenomenes de la Nature, comme les Nuages, les Orages, les Tempetes et tous les Effets du grand Vent,

L'Enfant ainsi Placé, obeissant uniquement à l'—— de la Nature qui à formé ses ⊏⊃ trouvera tout seul l'Ordre dans le quel il lui convient de se Developper et se mettra sans qu'il soit besoin de l'Instruire et par le seul ♆ qui le Porte à se Conserver en Harmonie, avec tout ce qui est, avec tout ce qui se meut, Agit et se Developpe avec lui.

140 L'Λ Considéré en Société existe en Relation avec les autres Λ par ses ⟶ et par ses Actions.

Il lui faut des Moyens pour Communiquer ses —+ aux autres Λ. ces Moyens sont la Langue et l'Ecriture.

La Langue et l'Ecriture sont où Naturelles où de Convention

141. La Langue Naturelle est la Phisionomie, la Voix, les Gestes.

L'Ecriture naturelle est l'Imitation des Formes que nous Voyons où que nous avons Vues.

Il faut le plus qu'il est possible accoutumer l'Enfant à Imiter les Formes, par la il acquiert une Justesse de Tact Infinie, il Apprend à Comparer avec exactitude, Et comme le Jugement n'est que l'Art de Saisir les Rapports et la Difference des Objets, Comme le Gout n'est que le Jugement appliqué aux Objets Considérés comme pouvant Plaire où Déplaire, il acquiert un Jugement Sur et un Gout Delicat à mesure qu'il Imite et qu'il Compare.

142. La Langue de Convention, consiste dans les Paroles.

L'Ecriture de Convention dans les Caracteres où les Lettres qui representent les Sons, dans les Mots où Assemblage de Lettres qui Representent les —+ où qui Designent où rappellent les ✕.

Il faut beaucoup Cultiver la Langue et l'Ecriture Naturelle

Il faut apprendre la Langue de Convention.

La Langue de Convention est d'autant plus Parfaite qu'elle Represente avec plus d'Exactitude tout ce qui peut se Sentir et se Peindre c'est a dire qu'elle Conserve mieux toute la Richesse d'Expression de la Langue Naturelle

On peut Juger du Degré de Civilisation au quel un Peuple est parvenû par la Langue qu'il parle. Toute Langue qui à beaucoup de Formes Abstraites et peu de Mots pour Exprimer les Simples Sensations, appartient incontestablement à un Peuple qui à parcouru toute l'Echelle des Moeurs et qui touche au dernier degré de leur Dépravation.

Ici la Dépravation des Moeurs n'est pas la Corruption des Moeurs

Des Moeurs Corompues résultent de l'Abus, des Penchants et des Affections de la Nature.

Des Moeurs dépravées supposent l'Affoiblissement, la Dégénérescence, de ces Penchans,

La Langue Exprime les Besoins.

Tout Peuple qui Parle une Langue Abstraite, dont les formes sont séches et dont les mots rappellent plus d'⊸ que d'Images est un Peuple loin de la Nature, qui ne connoit pas le Besoin des Emotions qu'elle donne et qui à perdu les Habitudes qu'elles se plait à Former.

43. Les Actions sont déterminées par des Motifs.

Les Motifs sont la Représentation des Bons où des Mauvais Effets des Actions.

Il y à deux sortes de Motifs les Plaisirs et les Peines.

Sentir les Rapports qui tendent à la Conservation produit le Plaisir.

Sentir les Rapports qui tendent à la destruction produit la Peine.

Le Plaisir Developpe L'⊸<, la Peine la Ressere,

Une ⊸< Contrainte devient Maladive

Une ⊸< Developpée est Saine

Un ⋀ qui ne seroit donc jamais Determiné que par la Crainte de la Peine deviendroit donc Souffrant et Malade

C'est donc plus par l'Attrait du Plaisir que par la Considération de la Peine que les ⋀ doivent être Conduits.

44. Il faut Exercer l'Enfant à Connaitre les Bons et les Mauvais Effets de Chaque Action

Il aura cette Connoissance où à Priori ou à Posteriori.

A Priori, par l'ᛉ et le Raisonnement

A Posteriori, par l'Expérience

45. Les Devoirs de l'⋀ a l'Egard de la Societé Sont de Conformer ses Actions à la Regle de la Societé,

145. La Regle de la Société est l'Harmonie.

Comme nous avons dit que les seuls Moyens de Relation entre L'⋀ individuel et la Société sont les Langues et les Actions, les premiers de tous les Devoirs sont donc la Véracité et la Probité.

Il faut faire Sentir à l'Enfant les Avantages de ces deux Qualités et lui Inspirer de l'Horreur pour le Mensonge, la Calomnie, et l'Hypocrisie.

146. La Perfection de la Société consistant dans l'Harmonie. Il faut que tous les Membres qui la Composent Soient en proportion entr-eux; par Consequent il ne faut pas Confondre les Ages et les Forces.

L'Enfant ne peut se Former que dans une Société d'Enfants. Ce n'est que dans cette Egalité que toutes les Actions deviennent Reciproques et que les Membres de cette Société Eprouvent le Retour où le Reflet le toutes leurs Actions sur eux mêmes.

147. Ainsi les Enfans Parviendront par leur propre Experience à Sentir à chaque Instant cette Regle de la Nature Fondée sur les Loix de l'Equilibre: Ne faites pas aux Autres ce que vous ne voulez pas qu'on vous fasse, et Ils seront portés à Respecter la Propriété, la Sureté, la Liberté et à Exercer toutes les Vertus Sociales.

148. L'Education proprement dite, quand on la Considere dans ses Raports avec la Conservation de L'⋀ est le Développement de la ❧ d'une Plante; tout l'Art Consiste à Arreter où Prevenir les Causes qui s'Opposent à ce Developpement.

www.ingramcontent.com/pod-product-compliance
Ingram Content Group UK Ltd.
Pitfield, Milton Keynes, MK11 3LW, UK
UKHW021135230726
13926UKWH00002B/821